SELF-PROPELLED ARTILLERY
EXPERIMENT TECHNOLOGY

自行火炮
试验技术

黄宏胜 李 瑞 等 编著

北京理工大学出版社
BEIJING INSTITUTE OF TECHNOLOGY PRESS

版权专有 侵权必究

图书在版编目（CIP）数据

自行火炮试验技术 / 黄宏胜等编著. -- 北京：北京理工大学出版社, 2025.4.
ISBN 978-7-5763-5281-8

Ⅰ. TJ818-33

中国国家版本馆 CIP 数据核字第 2025H0J825 号

责任编辑：钟　博	文案编辑：钟　博
责任校对：周瑞红	责任印制：李志强

出版发行 / 北京理工大学出版社有限责任公司
社　　址 / 北京市丰台区四合庄路 6 号
邮　　编 / 100070
电　　话 / (010) 68944439（学术售后服务热线）
网　　址 / http://www.bitpress.com.cn
版 印 次 / 2025 年 4 月第 1 版第 1 次印刷
印　　刷 / 廊坊市印艺阁数字科技有限公司
开　　本 / 710 mm×1000 mm　1/16
印　　张 / 9.25
字　　数 / 140 千字
定　　价 / 56.00 元

图书出现印装质量问题，请拨打售后服务热线，负责调换

本书创作团队

主要负责人：黄宏胜　李　瑞
其他成员：牛天宏　王　雨
　　　　　　　韩如锋　柯　彪
　　　　　　　赵　娜　李　钊
　　　　　　　王　成

前　言

　　火炮作为常规火力武器的骨干力量，在现代战争中具有重要的作用和地位，始终是各国武器装备领域的重点发展方向。近年来，随着火炮不断向远程化、精确化、轻量化、自动化、信息化、智能化等方向发展，火炮技术呈现新的特点，对火炮的设计、制造、试验等方法和手段也相应提出了全新要求，尤其在试验测试的全面性、复杂性和准确性等方面关注度明显提升。火炮作为一种能量瞬时聚集转换的装备，由于具有膛内压力与温度高、发射过载大、炮口初速高以及冲击载荷强等独特特点，在试验测试中易出现诸多难题，所以火炮试验技术历来都是研究的重点和热点。随着现代化试验测试手段的发展，火炮试验技术也在不断进步，对其进行总结与分析对提高装备研发效率和装备研制质量具有重要意义。

　　本书针对自行火炮试验相关问题进行了研究讨论，期望使读者，特别是火炮从业人员能够更直观地了解火炮装备研发的一般流程和与之匹配的试验体系，从而提高火炮武器研发的质量和效率。

　　本书共由 9 章组成。第一章阐述了火炮装备研制战术技术任务要求；第二章描述了火炮系统研制过程，并分析了 2010—2020 年国外火炮研发过程中的问题和火炮设计算法；第三章介绍了试验对武器研发的重要意义以及一般的试验类型和主要科目；第四章阐述了仿真试验规划，包括试验规划理论的要素和试验规划的基本原则、全因子设计方法等；第五章介绍了火炮系统研制过程的仿真方法、模型和试验台架的分类等；第六章阐述了与仿真模拟、相似理论相关的问题；第七章针对履带式战车的特性，介绍了火炮发射时履带式战车物理模型研究、全尺寸模型和半实物样机的研究等相关问题；第八章介绍了试验测试系统的组成，描述了火炮弹药射击试验以及武器实际应用中的测量参数；第九章描述了自行火炮在通用试验台架、试验场和坦克路谱上进行跑车时所具有的综合性能特点。附录包含20世纪和21世纪国外典型自行火炮、牵引火炮的主要特点与照片。

目 录

第一章 火炮装备研制战术技术任务要求 ………………………… 1
1.1 概述 ……………………………………………………………… 1
1.2 火炮装备研制过程中质量改进和算法优化的任务 …………… 2
1.3 火炮的基本战术技术任务要求 ………………………………… 6
1.3.1 作战威力 …………………………………………………… 6
1.3.2 机动性 ……………………………………………………… 16
1.3.3 可靠性 ……………………………………………………… 17
1.3.4 火炮乘员体力负荷 ………………………………………… 19

第二章 火炮系统研制过程 …………………………………………… 24
2.1 火炮系统的研制阶段 …………………………………………… 24
2.2 2010—2020 年火炮系统研制问题的分析 ……………………… 26
2.3 火炮设计算法 …………………………………………………… 30

第三章 火炮系统试验 ………………………………………………… 34
3.1 试验是样机研制过程的一部分 ………………………………… 34
3.2 试验类型及分类 ………………………………………………… 37

第四章 仿真试验规划 ………………………………………………… 43
4.1 试验规划理论的要素 …………………………………………… 43

4.2 试验规划基本原则	46
4.3 全因子规划方法	47

第五章 火炮系统研制过程的仿真方法 53
  5.1 仿真是研制火炮系统的研究方法 53
  5.2 用于火炮结构设计的模型和试验台架的分类 55
  5.3 开发虚拟（计算机）模型 56

第六章 模型类型与相似理论 61
  6.1 仿真模拟 61
  6.2 相似理论 64
    6.2.1 相似理论的基本状况 64
    6.2.2 火炮的弹道相似性 74

第七章 物理仿真 76
  7.1 火炮发射时履带式战车物理模型研究 76
  7.2 全尺寸模型和半实物样机的研究 80
  7.3 试验台架上的火炮装置研究——人工后坐 83

第八章 射击试验 95
  8.1 试验测试系统的组成 95
  8.2 火炮弹药射击试验 97
    8.2.1 射击密集度 98
    8.2.2 影响射击密集度的主要因素 99
    8.2.3 火炮发射试验 103
  8.3 火炮与弹药武器的试验测试 107
    8.3.1 对弹道测试组成和精度的总体要求 108
    8.3.2 测试精度 110
    8.3.3 射击条件下参数测试的要求 112

8.3.4 以靶板射击密集度试验为例——测试结果的处理、
　　　形成及评估 ·· 114
第九章　台架综合试验和行驶试验 ··· 118
　9.1　在多功能试验台架上的综合试验 ·· 118
　9.2　行驶试验、道路条件特征 ·· 125
附录　国外自行火炮和牵引火炮 ·· 134

第一章
火炮装备研制战术技术任务要求

1.1 概述

火炮有多种分类方法。按照口径大小，火炮分为小口径火炮、中口径火炮、大口径火炮和超大口径火炮。按照用途或运用方式，火炮分为压制、突击、防空、海上与空中作战、班组及单兵作战以及特种作战兵器；按照弹道类型或特征，火炮分为加农炮、榴弹炮、加榴炮、迫击炮、迫榴炮以及无坐力炮等；按照身管内膛结构，火炮分为滑膛炮、线膛炮等；按照运行方式，火炮可分为驮载炮、牵引炮、山地炮、车载炮、自行炮、轨道炮等。

当前，以美国为代表的军事强国在火炮装备研制与技术研究方面的投入持续加强，其关键技术储备处于领先地位。俄乌冲突昭示了火炮在现代战争中不可替代的重要地位。面对不断变化的军事需求，火炮装备正向设计的方法和理论完善显得尤为迫切，而火炮试验是火炮装备研制过程的重要环节，开展试验方法总结和技术研究具有重要意义。

火炮试验技术与所有的科学认知相同，都是基于建模的方法，其理论基础是映射和相似理论。相似理论中的相似性是指两个对象彼此的对应关系，其中，从一个对象的参数到另一个对象的参数的转换函数是已知的，这些对象的数学描述即对等转换。

本书围绕自行火炮试验，主要内容包括建模方法研究、专用系统台架与实物样机试制、部件与仪器设备研究等，以及所有火炮装备在其全寿命周期内所有阶段的试验研究。在火炮装备研制过程低成本、高效率的要求下，结合现代工艺和已通过长期测试验证的火炮装备研制方法，有助于提高工作效率和技术质量。

火炮装备组成复杂、学科集成度高，其试验技术需采用研究复杂技术系统的结构设计方法，将其视为由总体架构—综合模型组成，其中，综合模型为数学、物理、半实物、计算机模型及台架装置的集合，用于获取信息和得到具有科学根据的技术决策。

1.2 火炮装备研制过程中质量改进和算法优化的任务

提高武器研制质量和对武器样机进行优化改进的最主要任务如下。

（1）在研制具有潜力的武器样机方面，增加科技和生产工艺潜力。

（2）技术更新科研生产基地首先要服务于实现国家军备计划，以及试验体系和试验基地的发展方面。

（3）提高研发人员潜在的专业技术水平，包括完善人才培训（再培训）制度、鼓励并吸引高技能专业技术人员进入国防工业体系。

近年来，在实际研究和开发中出现了两个方法，一个是问题导向的研发方法，另一个是正向设计方法。

问题导向的研发方法是指借助按顺序程序所描述的方法，依次识别和消除三种类型（管理、技术、物理）的矛盾。

正向设计方法的概念如下。

（1）使用扩展程序，以集合或树状图的形式表示一个或多个已知的技术决策，满足提出的战术技术任务要求。

（2）通过构建树状图上的替代分支，获得一套扩展的新技术决策方案。

（3）选择新技术决策的最佳方案。

因此，在研制火炮装备时，解决结构设计和发明任务的通用算法如下。

（1）分析任务初步状态与管理矛盾的构成。

（2）编制完整的新技术解决方案需求清单。

（3）根据给定技术系统级别研究相应的模拟装置系统。

（4）构建总的等级式集合或树状图，并利用系统工程方法和启发式技术方法对其进行扩展。

（5）汇总扩展的多个新技术解决方案，并从中选择最佳方案。

在研究武器样机总体要求时，研制过程需要符合战术技术任务要求，中心任务是形成多种可供选择的方案，并进行评估和筛选。在绝大多数情况下，解决技术问题的方案呈现多变量的特点，在全面分析时需要解决多个准则下的不同问题。当前，解决这些问题采用专家预测系统，该系统能够确保在不确定条件下评估武器发展方案。主要的问题可分为以下几个不确定因素。

（1）武器和军事装备发展领域正在进行的研究。

（2）正在进行的研究可能产生的结果。

（3）正在开发武器样机的具体使用地点，以及敌方在该情况下使用的武器与军事装备的具体特点。

在信息不确定的情况下，所有这些都使得有必要针对武器样机研制进行评估。在方案评估中，不仅需要建立确定的、相对比较好的系统，同时还要引入选择风险函数。在这种情况下，最重要的是形成子系统评估准则和多方案选择。这样的子系统在专家（专家组或负责决策的个人）的帮助下，在给定多个准则（价值函数）情况下，并考虑近期所作决策方案中可能的风险，确保能够获得相对比较好的系统。获得决策的倾向性系统（技术方案）是后续对仿真模拟结果进行评估的基础，其最终结果呈现为武器样机研制所需的战术技术任务要求。

考虑到需采用总体仿真模拟方法，针对搜索设计程序所获得的结果进行优化。在设立军事技术装备项目过程中的通用算法可以细化为图1.1 所示的逻辑架构。

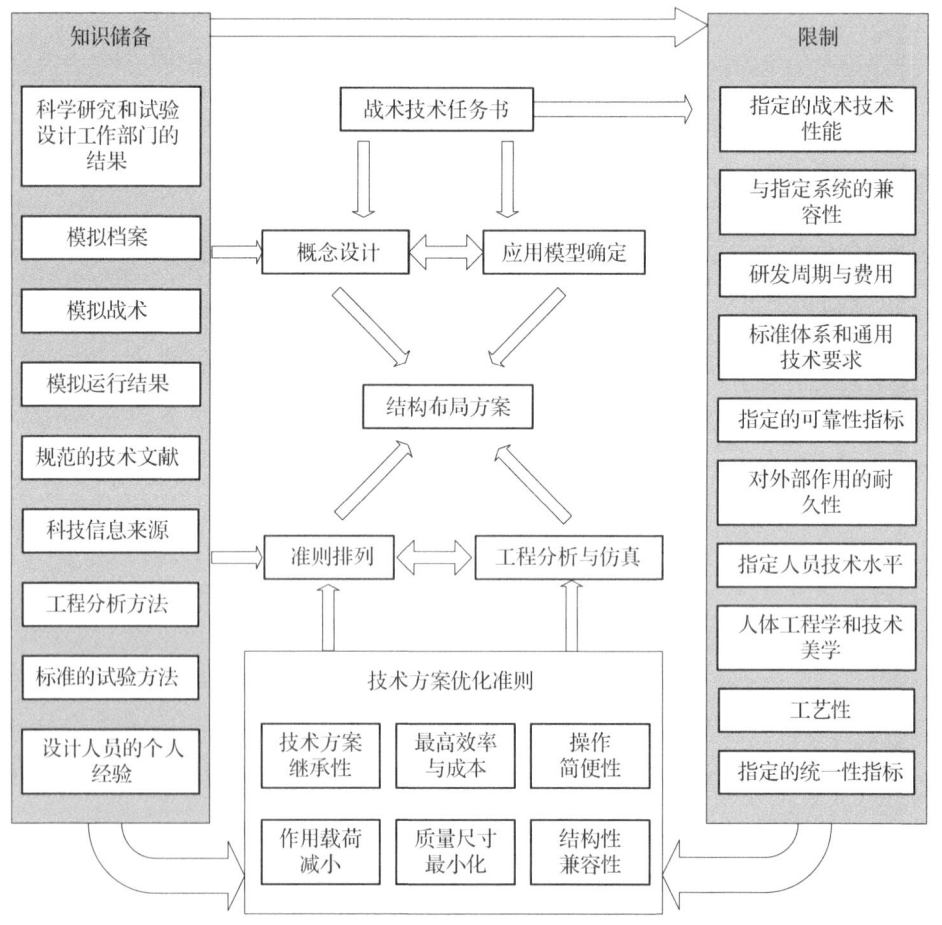

图 1.1　研制火炮装备时确定技术方案过程的通用算法

上述通用算法逻辑模型可以作为计算机辅助设计系统的基础。效能确定评估任务，特别是在作战中，可以用下列形式表示。

$$Y = \arg \max W(x), x \in X \qquad (1.1)$$

式中，Y——综合作战效能指标；

W——效能准则；

x——样机评估所提交的集合。

该类逻辑模型通常使用研制过程的离散原理，即仅利用有限的信息，定向搜索各级结构部件和系统的设计参数。同时，火炮装备的设计是一个迭代过程，可以逐步改进结构布局的初始方案（通常采用经验性方法），使之不断趋于满足指定的要求。

$$\exists \left\{ X \in \bigcap_{i=1}^{n} A_i \middle| f_k(x) \geq a_k \right\} \qquad (1.2)$$

式中，X——技术方案的要素；

A_i——满足第 i 个约束条件的技术方案；

$f_k(x)$——战术技术任务给定的可接受的概念设计准则；

a_k——n 个约束条件下容许的技术方案。

研制过程是指针对相关产品，通过各种仿真方法获得相关信息，以及近期对其验证的功能性能条件，在此基础上得到可以接受和可以应用的技术方案。

考虑到需要对运用综合模拟仿真方法搜索设计程序所获得的结果进行优化，在设立军事技术设备项目时，获得技术方案过程通用算法可以按如下逻辑进行细化：系统入口——环境对系统的响应；系统出口——系统对环境的影响。

外部条件表现在两个方面：设计约束条件和系统应该运行的一系列状态。方案可行性即与战术技术任务中指定特性的符合程度。

火炮系统的主要性能，包括必须保证的战术技术性能，主要是与潜在可能的敌方武器相比具有优势或处于同等地位。

火炮装备应用的长期经验表明，火炮装备重新设计和升级改造应满足以下基本要求。

(1) 作战要求。

(2) 使用（勤务）要求。

(3) 制造与经济要求。

这些要求决定了与之对应的火炮装备的性能。

1.3 火炮的基本战术技术任务要求

火炮的基本作战要求所包括的因素如下。

(1) 作战威力。

(2) 机动性。

(3) 可靠性。

(4) 火炮乘员体力负荷。

据此可以确定作战要求和作战性能。

1.3.1 作战威力

火炮作战威力包括弹药作用于目标的威力、射程、射击密集度、射击准确度、射速及输出率等要素。

弹药对目标的作战威力通过其作用在目标上的效能来评估。这种效能的准则如下：对于爆破弹，为爆炸时抛出的土壤体积；对于破片弹，为杀伤破片的数量或杀伤区域面积；对于穿甲弹和破甲弹，为穿深厚度，以及火炮口径与类型、弹药类型及其取决于弹药对目标作用所需威力的初速。

射程用于衡量火炮歼灭目标的远射能力，通过其发射最大水平距离来评估。火炮射程越大，越能够确保在敌人防御纵深有效地执行作战任务，并在不改变射击位置的条件下提供火力支援。增大弹药炮口动能和减小弹药飞行中的空气阻力有利于增大弹药射程。弹药依靠旋转运动或借助尾翼稳定器来实现飞行稳定。

火炮射程取决于火炮身管的仰角大小（φ是火炮身管垂直面轴线与火炮水平面形成的夹角）。超远射程火炮能够达到最大射程的仰角约为53°，此时弹药能以45°的角度进入平流层。

射击密集度根据在相同条件（同一批装药和弹药、同一瞄准装置、相同的气象条件等）下，采用同一门火炮射击，该批弹药落在小散布面内的性能确定。该散布面呈椭圆形。弹药散布椭圆的面积越小，射击密集度越高，也就是说，击中目标所需消耗的弹药数量越少。弹药的散布是有限的、对称的和不均匀的。对这些性能的解释如下。

（1）散布面是有限的。在弹药数量足够多的情况下，散布面呈现的几何图形是椭圆形。火炮和战车近距离射弹时，椭圆向发射方向延伸；火炮和战车远距离射弹时，椭圆向两侧扩展。在个别情况下，散布面呈圆形（但圆形可以视为两个半轴相等的特殊椭圆）。因此，弹药的散布面是有限的，也就是说，该区域是有边界的。

（2）散布面是对称的。弹药的落点位于椭圆中，在弹着点散布中心的前面与后面有同样多的弹坑，在散布中心的右侧与左侧也有同样多的弹坑。

（3）散布面是不均匀的。在散布面椭圆范围内，越靠近散布面中心落点越密集，离散布面中心越远，落点越少。

总而言之，弹药散布规律可以简述如下：在尽可能相同的条件下，如果射弹数量足够多，则散布面是有边界的、对称的、不均匀的。

散布率是弹药散布规律的数值表达，反映了弹药散布的三个基本面。

如果将弹药散布椭圆平分成两半（图1.2），将每一半又分成4个等宽的散布地带，那么落入每个散布地带的弹药数量是确定的（大量弹药）：各有25%的弹药落入离散布面中心最近的左、右两侧散布地带，各有16%的弹药落入上述散布地带相邻的两个散布地带，各有7%的弹药落入离散布中心第三远的两个散布地带，各有2%的弹药落入两端的散布地带。

如果将弹药散布椭圆分成8个等宽的横向散布地带，则得出距离散布率如图1.2（a）所示。

如果将弹药散布椭圆分成8个等宽的纵向散布地带，则得出方向散布率如图1.2（b）所示。

如果将一个垂直平面穿过弹道束，那么在截面中可以得到垂直弹药散布椭圆；将垂直弹药散布椭圆分成8个等宽的水平散布地带可以得到高低散布率 [图1.2（c）]。此处，弹道束指在该条件下从该火炮射弹可得的所有弹道的总和。

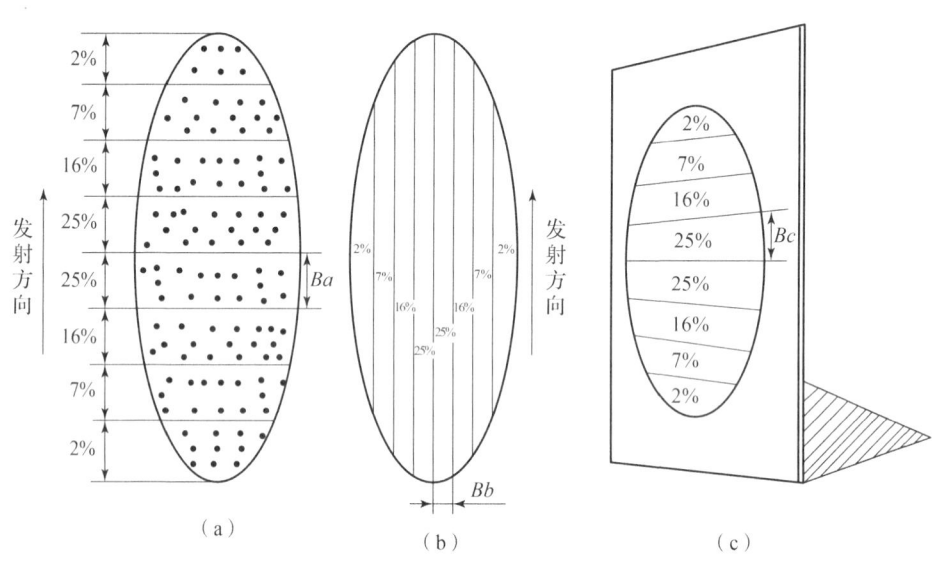

图1.2 弹药散布椭圆

a—距离散布率；Ba—距离中间偏差；b—方向散布率；Bb—方向中间偏差；c—高低散布率；Bc—高低中间偏差

每个宽度为椭圆长（短）轴1/8的弹药散布地带称为中间偏差。"发射表"中指出了每个系统、弹药和射程的中间偏差量。在实际应用中，弹药的散布界面通常等于每个方向上相对于散布中心的 4 个中间偏差。

散布面的中心点称为散布中心，穿过散布中心的虚拟弹道称为平均弹道。

弹药散布取决于多种因素，这些因素主要分为三类：弹药初速跳动、火炮发射角和射向变化、弹药自火炮身管飞出后的飞行条件变化。

弹药初速跳动是由装药量、装药中火药化学性质、装药温度、装填密度、弹重、弹带尺寸及其在弹药上的位置等的不同导致的。

火炮发射角和射向变化是由瞄准镜偏差、水平仪和测角器的偏差、在水平和垂直平面上的火炮瞄准、射击过程中火炮发射角及其横偏、行驶机构间隙等的不同导致的。

弹药自火炮身管飞出后的飞行条件变化是由气象条件，弹药的形状、质量、重心位置，弹药外表面涂漆和润滑，火药气体后效作用影响等因素导致的。

散布面的增大会降低弹药打击精度，增加弹药消耗及延长射击任务的完成时间。

弹药散布不可避免。然而，对弹药散布原因的研究表明，弹药散布率在很大程度上取决于是否正确储存、保养及准备用于射击的火炮和弹药，以及是否对炮兵班成员就如何履行自身职责进行培训。

射击密集度与弹药散布相反。弹药散布越小，射击密集度越高，即弹道（弹着点）越集中（密集）。如果把中间偏差 Ba、Bb、Bc 作为散布单位，那么作为逆散布现象，射击密集度的单位应为中间偏差的倒数，即 $1/Ba$，$1/Bb$，$1/Bc$。中间偏差大几倍，弹药散布就大几倍，射击密集度就是原来的几分之一，反之亦然。

在实际应用中，射击密集度是在考虑射程的条件下用以下关系评估的：Ba/X，Bb/X，Bc/X，其中 Ba 是距离中间偏差（目标在水平面上），

Bb 是方向中间偏差，Bc 是高低中间偏差，X 是射程。

弹药集群中心与目标中心的偏差可以理解为射击准确度。

射击准确度取决于瞄准误差、射击误差、射击条件确定和校射误差。在缺乏规定误差的情况下，射击密集度越高，射击准确度就越高，因为一次射击命中给定目标的概率会升高。当直瞄射击小型目标（例如坦克）时，射击密集度高具有重要的意义。这对用于直瞄射击坦克等小型目标的火炮提出了高射击密集度的要求。在高射击密集度的条件下，为了提高坦克炮和反坦克炮以及具有直瞄镜的野战炮的射击准确度，每门火炮都需要通过校射进行规范射击。

对于地面火炮射击，需要进行不同角度和线量数值相关的大量计算。在野战条件下，由于地面火炮作战必须采用三角函数表，通用角度测量单位（度、分和秒）不便于计算。因此，在炮兵学中采用一种特殊的角度测量法，单位是密位（mil）（图1.3）：

$$\overset{\frown}{AB} = \frac{2\pi R}{6\,000} = \frac{R}{955} = 0.001\,05R \approx 0.001R \quad (1.3)$$

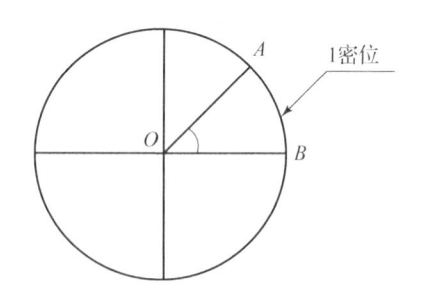

图 1.3 密位的定义

对应圆周长 1/6 000 部分弧长的圆心角角度表示 1 密位。

为了便于把角度口头转述成密位，千位、百位与十位和个位分开说。这种方法还用于记录角度值（表 1.1）。在某些情况下，"角度"一词省略不说，例如，"向左 15" 记作 "0 - 15"，"6 密位" 记作 "0 - 06"，"千分之十一" 记作 "0 - 11"。

在实际应用中，采用术语"小密位"和"大密位"。

1 密位称为"小密位"。

100 密位称为"大密位"。

角度和密度的换算如下：由于圆周为 360°或 360°×60′= 21 600′，那么 1 密位等于 21 600′/6000 = 3.6′，1 个大密位是 3.6′×100 = 6°，1 角度即 1°= 60′/3.6′= 16.67 密位 ≈ 17 密位。

角度与密位的基本换算关系见表 1.1。

表 1.1 角度与密位的基本换算关系

角度/(°)	密位	写法	读法
360	6 000	60 - 00	六十零零
180	3 000	30 - 00	三十零零
90	1 500	15 - 00	十五零零
45	750	7 - 50	七五十
36	600	6 - 00	六零零
6	100	1 - 00	一零零
1	17	0 - 17	零十七
0.06	1	0 - 01	零零一

例 1.1 用密位表示 144°36′。

解：144°：6°/01 - 00 = 24 - 00；36′：3.6′/00 - 01 = 0 - 10。

答案：24 - 10。

根据式（1.3），1 密位的角度对应的弧长取近似值等于 $0.001R$，因此，1 密位通常称为"千分之一"。

在炮兵学中，视圆周的半径为射程，那么可以近似认为，如果以 1 密位的角度观测物体，则其线量等于观测距离的千分之一（图 1.4）。

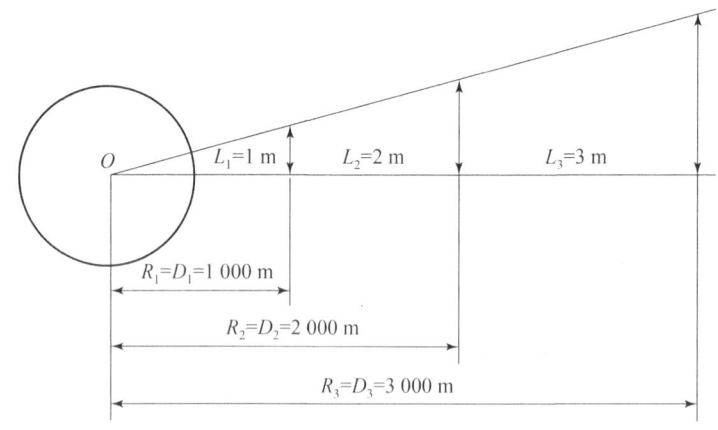

图1.4 通过观测距离确定目标尺度

在图1.5所示的例子中,可以看出线性值和角度值的关系。

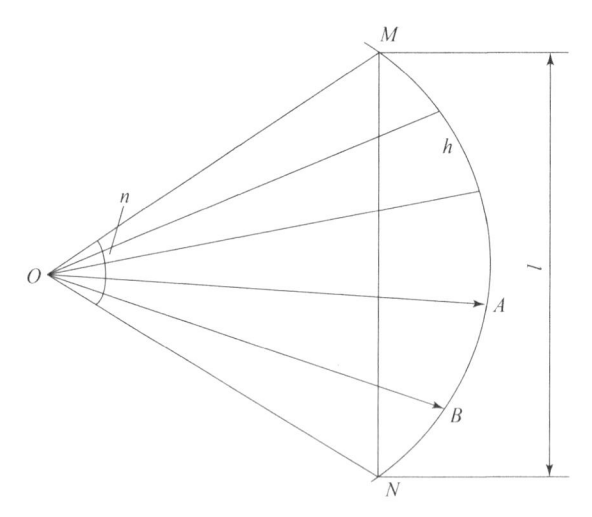

图1.5 用测角仪确定物体 N 和 M 之间的距离

(1) 为了确定两个物体 M 和 N 之间距离的未知关系,假设∠MON 等于 n 密位,从观察员(O 点)到这些物体的距离等于 D。

(2) 这里将∠MON 分成 n 个角,每个角为 1 密位,那么∠$AOB = 0-01$,对应弧 AB,该弧值为 $l_1 = 0.001D$。

(3) 由于观测 M 和 N 的角度是 1 密位的 n 倍,那么对应的弧是弧 l_1 的 n 倍。

（4）近似地假设弧 MN 的长等于连接二者的弦 l 的长。此处误差四舍五入等于 5%。

此时 $l = 0.001 D \times n$

或

$$l \approx n \frac{\vec{A}}{1\,000} \approx n \frac{D}{1\,000} \tag{1.4}$$

表示角度与线量数值关系的式（1.4）称为"千分公式"。那么，相应地有

$$\vec{A} = D \approx \frac{1\,000}{n} l \quad \text{和} \quad n \approx \frac{1\,000}{D} l \tag{1.5}$$

例 1.2 在 10 密位角度可见标尺条件下，确定到高为 2 m 标尺的距离。

解：

$$D \approx \frac{1\,000}{n} l \approx \frac{1\,000}{10} 2 \approx 200 \text{ m}$$

或者考虑 5% 的四舍五入误差：

$$D = 200 - \frac{200 \times 5}{100} = 190 \text{（m）}$$

例 1.3 两个目标距离炮位 4 200 m，两个目标之间的距离为 260 m。试确定两目标之间的角度。

解：

$$n \approx \frac{1\,000}{D} l \approx \frac{1\,000}{4\,200} 260 \approx 62 \text{ 密位}$$

或者，如果想得到更精确的结果，则需要考虑 5% 的四舍五入误差修正。

解：

$$n = 62 - \frac{62 \times 5}{100} = 59 \text{（密位）}$$

例 1.4 与观测点等距的两个目标之间的角度为 25 密位。若两个目标与观测点之间的距离 D 为 5 000 m,试确定两个目标之间的直线距离。

解:两个目标之间的直线距离为

$$l \approx n \frac{D}{1\,000} \approx 25 \times \frac{5\,000}{1\,000} \approx 125\ (\text{m})$$

若需要求取更精确的结果,则需要在已得结果的基础上加上四舍五入误差修正,即加上已知结果的 5%。

最终结果为 125 + 6 = 131 (m)。

密位也称为千分距离(俄语缩写为 т. д.),表示为 0 - 01,等于 3.6′ 或 0.06° 或 1.047 毫弧度(1 毫弧度 = 0.001 弧度)。整圆为 360° 或 2π(3.14 × 2 = 6.28)弧度或 6 280 毫弧度。计算始点为 30 - 00 (180°)。

北大西洋公约组织(以下简称"北约")成员国的武装部队中也存在类似的角度测量单位,但该单位定义为圆周的 1/6 400 弧长,它是子弹(弹药)在纵向或横向上偏转的角度度量单位,大概为射程范围的 1/1 000。

在瑞典(非北约成员国)军队中,采用最为精确的定量为整圆角度全部展开的 1/6 300 段的方式。然而,苏联、俄罗斯和芬兰军队所采用的分母为 6 000,以便于口头计数,因为它可以被 2,3,4,5,6,8,10,12,15,20,30,40,50,60,100,150,200,250,300,400,500 及至 3 000 的数整除,有利于快速转换到千分角度,并使用手头工具粗略地测量地形。

在美国,毫弧度是衡量自动化武器射击精度的指标。例如,阿连特技术系统公司(Alliant Techsystems)发布的 Bushmaster Ⅱ 型和 Bushmaster Ⅲ 型自动炮的射击散布指标为 0.3 ~ 0.4 毫弧度,换句话说,给定火炮射击精度可控制在 0.3 ~ 0.4 个距离毫弧度,即在 1 km 距离内，射击横向偏差为 0.3~0.4 m。相应地，在 2 km 距离，给定火炮弹药针对 2 m×2 m 靶板具有高的命中概率。

现代身管武器射击密集度的数值范围如下：$Ba/X = 1/250 \sim 1/500$；$Bb/X = 1/300 \sim 1/2\,000$。

决定射击密集度的主要因素如下：弹药和身管内膛的制造精度、身管刚度和振动、身管磨损、射击时火炮的稳定性、是否有炮口制动器、不同的装填条件、发射装药温度和湿度变化、风力与气压变化。所有这些因素均影响弹药散布。

射击准确度是指射击瞄准目标特性（即瞄准点）与爆炸散布中心（弹药散布椭圆中心）的重合度。射击准确度取决于瞄准装置和射击控制仪的精度、射手技能、火炮乘员工作的精确性和协调性等。

射击密集度和射击准确度共同决定了射击精度。

射速是指火炮在不校正瞄准的情况下，单位时间内的最大射弹数（发/min）。高射速可以提高完成作战任务的效率，特别是在对抗可移动目标方面，例如坦克、舰船、飞机和弹药等。采用全自动装填、火炮开闩与关闩及射击等操作程序，以及采用多身管武器等均可达到最高射速。

为了提高野战火炮的射速，可以采用半自动或机械化的方式，减少炮手的工作，降低炮手的疲劳程度，且不影响武器的质量。

输出率通过单位时间内的实际射弹数来评估，同时考虑了瞄准修正的时间、火力状态和实施方法等。针对手动装填，输出率还受到操作者身体机能的影响。自动装填武器的输出率则受到发射速度、单位武器的身管数量以及排序时长等的影响，排序时长取决于火炮系统允许射击的可行性，即受身管不得过热的需求限制所制定的身管冷却系统的结构方案。

1.3.2 机动性

火炮的机动性代表火炮的综合性能,主要体现为远距离快速行驶、越野地形行驶、行驶状态与战斗状态间的快速切换,以及从一个目标到另一个目标的快速且精准的火力转移。

前两个功能体现了火炮的地面机动性。后两个功能与快速开火和射击灵活性有关,体现了火炮的火力机动性。现代火炮允许连续跟踪目标,且基本上支持连续射击,能够在几秒内由战备状态切换至战斗状态。

火力灵活性(弹道机动)取决于垂直和水平角度射击范围,以及瞄准速度。对于现代火炮来说,瞄准速度达到 50°~60°/s,小口径自动高射炮的瞄准速度则达到 120°/s 甚至更高。随着射程增加、单次射击变装药数量增加及弹药基数增加,火力灵活性相应提高。

地面机动性体现在行驶能力、越野能力、转弯性能、水上航行能力、空运能力上。

行驶能力主要通过行驶速度来评估,取决于火炮的质量、牵引方式和底盘结构。通过采用炮口制退器,可减小 50% 甚至更大的后坐力,采用具有高强度性能的特殊轻质铝合金、镁合金、钛合金,配合更先进的缓冲结构,均可减小武器质量。现代自行火炮和坦克正尽可能融合行驶能力和越野能力,其行驶速度达到 70 km/h,单次加油行程储备可达 500 km。

越野能力是指火炮在难行路段、黏性泥泞地、沙土地、耕地、深雪路段、沼泽地的行驶能力,以及克服自然和人为障碍的能力。越野能力取决于车轮或履带对地面的压力和离地高度,即火炮底部距离地面的最小距离。轮式车辆在行驶速度方面明显优于履带式车辆,但在越野能力方面轮式车辆(即使是多轴式车辆)无法与履带式车辆匹敌。履带式车辆具有更高的回转性能，能够在狭小的面积上实现转弯或回转。这一能力突出体现在复杂的、高低不平的起伏路段，如山地和居民点。

现代大多数装甲输送车、步兵战车和轻型坦克具有浮渡功能，能够在行程中强行通过水障碍，并更高效地对敌作战。这些装备具有防水外壳，保证了所需的浮力，即漂浮于水上的特性，不会沉到设计水线以下。自行火炮的浮力由浮渡底盘或包裹有防水布的特制轻型折叠式骨架保障。

在现代作战环境中，包括在局部战争中，空运能力发挥着重要作用，具体体现在在远距离（1 000 km 或更远）条件下，军用运输货机承运火炮的能力，以及在短距离（几十、数百千米）条件下，军用直升机的运输能力。通常质量和尺寸相对较小的火炮可由一架飞机运输。对于大型自行火炮（例如美国 175 mm 火炮和 203 mm 榴弹炮），则需要两架飞机运输。

对于大范围水上障碍、污染区、洪水区或陆运无法通行地区，动用军用直升机则更为高效。

1.3.3 可靠性

火炮的可靠性，是指火炮在战斗状态下保持高射击精度、必要的射速和远射性能的无故障特性，以及在运输和储存过程中保持工作能力的属性。

火炮的可靠性包括无故障性、耐久性、可维修性和可储存性。

无故障性是指火炮在特定或给定的工作条件（射击发数、行驶千米数、储存时间）下，保持工作能力或无故障运行的特性。故障是指断裂、破损、磨损、腐蚀、抗疲劳强度降低或性能参数超出可容许范围导致的火炮功能停止。

火炮无故障的主要指标有故障间隔时间、一定工作时间内无故障工作的概率及故障等级。

耐久性通过装备持续保持工作功能直至继续使用将处于低效或不安全的极限状态而考虑终止技术保养和维修所持续的时间来衡量。

在火炮科学史中，身管耐久性曾被称为弹道寿命（在使用过程中保持弹道性能的属性），弹道寿命由标准条件下的射击发数来衡量。弹道寿命终止准则如下：弹药初速下降10%，或者射击密度下降至原来的1/6~1/5，或者膛线作用下弹带滑脱和引信未解除保险。火炮底盘的耐久性通过行驶的千米数来衡量。针对火炮中的非耐用部件或组装元件，需准备好备附件。

可维修性是指通过预先计划的技术保养和维修，发现和消除故障，使火炮装备恢复正常工作状态并支持其具有技术储备的属性。

可储存性是指火炮在遵守制定的储存规范过程中保持可工作状态的属性。

火炮的可靠性基于设计过程中最合适结构图的设计和技术方案的选择、试制过程的实现、可靠性研究过程试验所达到的水平等。支撑符合要求的可靠性水平需要严格遵守技术指南规定的使用规范。

随着技术装备的复杂化，特别是军事装备，可靠性成为衡量技术装备质量的决定性指标之一。

除了可靠性之外，火炮还可以从抗易损性、抗干扰能力及隐身能力的角度来评估。

抗易损性即火炮在遭受作战斗损坏时（有时被定义为作战可靠性）保持作战能力的属性。

抗干扰能力即火炮在自然或人为干扰中完成作战任务的综合能力。

隐身能力即火炮不被敌方技术侦察设备发现的综合能力。

1.3.4 火炮乘员体力负荷

对于现代火炮,大多数操作程序由不同的自动化机械构件完成。然而对于野战炮(包括迫击炮、无后坐力炮和火箭筒)的维护和作战应用,则需要消耗炮班人员的体力,尤其是在弹药装填环节。

因此,对于这类武器,需要考虑人的身体承载能力,例如对超压、声学作用、强光、振动等的承载能力。针对具备手动瞄准机构的火炮,建议在设计阶段对瞄准手轮选择最佳布置、最小手轮力和手轮半径等。

炮口波对工作位置产生的超压不应超过 $2 \cdot 10 \text{ N/m}^2$(相当于 120 dB),在穿戴防护装备的情况下,不能超过 $5 \cdot 10 \text{ N/m}^2$。

噪声水平不应超过 60 dB,这是在设计阶段需要考虑的重要因素,尤其是对于坦克和自行火炮。人体单次短期(2 s 内)可承受的最大声压水平不应超过 130 dB。当噪声水平超过 100 dB 时,建议穿戴防护设备。

人体可承受的最大加速度值如下:垂直方向为 $2.5\ g$;水平方向为 $1.5\ g$;叠加作用为 $3\ g$。人体可承受的振动速度级别为 0.35 cm/s。

1.3.4.1 使用要求

尤其是在战斗条件下,火炮的维护保养应遵循简练、方便、安全的原则,并且不使乘员产生疲劳。需要保证机械化和自动化操作,合理布置机构和工作位置(座椅、仪表台、手动瞄准手轮),进行周密的考虑,简单地接受技术维护保养,以及安装安全设施与联锁元器件和装置以预防危险情况发生。需要保证所有维护保养操作能在没有打击和冲击的情况下顺利完成。如果弹药装填是手动进行的,则为了减轻负担,火炮身管轴线应处于 1m 左右的高度。当弹药质量超过 20 kg 时,需要使用机械化弹药装填装置。尤其是在作战条件下,武器必须附有简短的标注和指示,以起到指导操作的作用。

现代火炮应考虑在温度波动大（-60~+50 ℃）、湿度升高、沙尘增多、气压急剧变化等情况下的使用可靠性，以便能够在不同的气象区域应用。

火炮装备机械构件的拆卸和组装应容易且快捷地完成。如果任意机械构件发生破损，则应在野外条件下予以清理和维修。为了检查装配件组装的正确性，需要在其上作记号，必要时需要检查保险装置，以避免非正确组装时进行射击。

1.3.4.2　生产经济性要求

研制新型火炮样机的关键是确保满足高效完成作战任务的作战要求。但是，不得不考虑在国家靶场试验、采用国家原材料在国家工厂试制等相关的生产经济性要求。火炮结构的简单性与工艺性、互换性、零件和个别组件的标准化与统一性都是确定火炮研制和生产过程中生产经济性指标的重要因素。

应特别注意要使用现成且经济的材料，但要符合硬度和耐用度要求。为了减小装备质量，需要合理应用新型材料，特别是轻质合金和高分子材料。现代工艺和高生产率过程、先进仪器和机床设备等的应用应与结构工艺性紧密结合。

装备中的零件和组件互换性可带来经济利润，并有利于装备使用和维修。同时，通用性也很重要，它可以降低样品设计、工艺研究、样机生产与调试等与可靠性和安全性相关的成本。

标准化同样有助于避免多种型号尺寸、多种材料牌号等，并有利于在生产中应用最先进的工艺流程。

应特别注意的是通用性，即在不同样机中可以使用相同的零件、组件及部件。通用性可以细分为组件、零件、材料、部件和配套工具产品的特殊通用性，以及不同型号样机间的通用性（图1.6~图1.8）。

第一章 火炮装备研制战术技术任务要求 21

AK-222型"海岸"130 mm自行岸炮系统

"屏障"与"舞会"岸防弹药

"白杨"俄罗斯战略火箭部队地面系统

AK-130-MP-184型火炮系统
（956型、1144型、1164型及1155.1型）

图1.6 国外不同型号火炮系统的通用性（1）

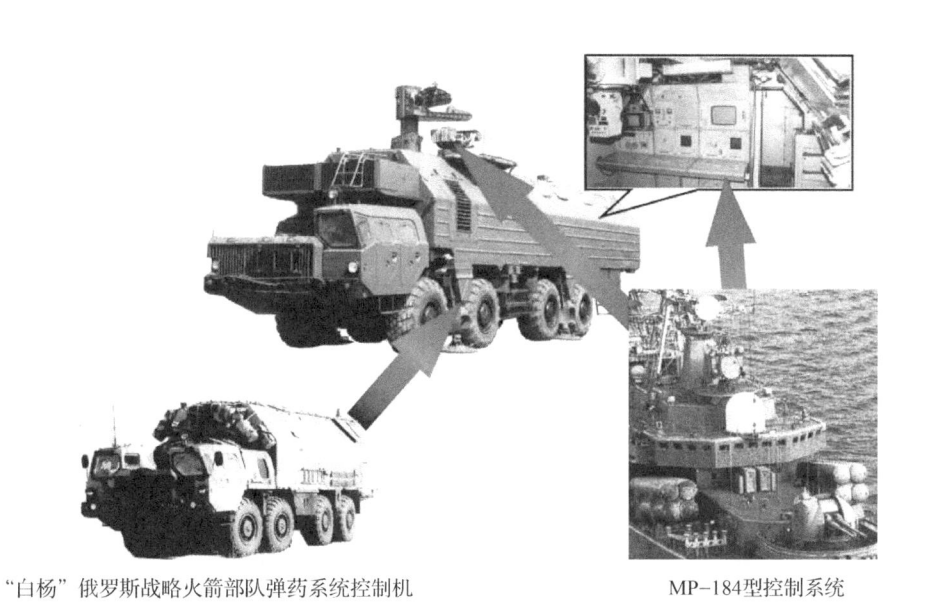

"白杨"俄罗斯战略火箭部队弹药系统控制机

MP-184型控制系统

图1.7 国外不同型号火炮系统的通用性（2）

AK-130-MP-184型火炮系统
和130 mm定装式弹药

2A65型"姆斯塔-Б"152 mm牵引榴弹炮

图1.8 国外不同型号火炮系统的通用性（3）

弹药通用性即弹药兼容性（图1.9），其可带来最高效益。

全装药和变装药

远程装药

图1.9 俄罗斯火炮弹药通用性

研制复杂技术系统最高效的方法是进行产品台架研究，该方法有利于将科学理论与设计实践结合，并将新方案应用到组件、机械机构及产品的实际结构中，从而得到更合理、更可靠的结构，建立结构布局方案的半实物样机，为研制火炮装备和火炮总体其他装置积累丰富的经验。

第二章
火炮系统研制过程

2.1 火炮系统的研制阶段

火炮系统研制过程既有其独特性，也有工业产品集成研制的通用性。产品研制是一个连续过程，从最初的设计阶段开始，然后到生产试制，再到批量生产，直至产品停止生产而结束。研制过程依据特定措施进行，旨在充分利用设计和工艺的可能性，以提高产品的技术经济性和生产率。

就火炮武器的特殊性而言（多频次短冲击载荷、部件和机械构件的高速运动、火药气体作用、冲击波和外部因素等），系统台架试验大大缩短了研制周期，提高了科研样件的试制质量和可靠性，丰富了拥有新部件、构件及火炮系统研制经验的专家认知与研究手段。

一般来说，军事装备项目的研制过程包括以下几个阶段。

（1）采用计算机辅助设计系统和工程分析方法，开展尽可能接近产品实际使用条件的产品方案仿真。

（2）在全尺寸、模拟和虚拟模型上，分析产品性能，并进行结构布局和技术方案的选择和研究。

(3) 进行试验样机试制阶段的结构研究。

(4) 验证产品技术方案布局的正确性，开展试验样机结构试验研究。

(5) 在验收试验阶段确认是否满足客户需求。

(6) 进行批量生产准备阶段结构工艺研究和重要批次（首批）试制。

(7) 进行样机批量生产及其在部队使用过程中的设计与工艺研究。

(8) 进行军事装备现代化升级。

(9) 对过时装备进行处置。

以上工作均与标准的要求十分吻合，规定的研制工作阶段标准遵循如下次序。

(1) 利用早期的科研成果进行初步设计。

(2) 进行技术设计。

(3) 编制设计工作文件。

(4) 进行试验样机试制及其初步试验。

(5) 进行国家试验测试，确认是否满足所有战术技术任务要求。

研究和设计阶段形成的设计程序文件标志着产品研制程度，以及产品试制工艺过程研究与装备水平。

分析表明，俄罗斯和北约成员国研制火炮武器的程序基本相同，包括概念研究、样机研究与研制的可行性确认等阶段。每个研制阶段结束时都形成一份总结报告，授权过渡到下一个研制阶段。在美国，典型的做法是在早期新样机研制阶段（概念研究阶段）确定的技术性能的基础上开始试验研究，同时吸引多个承包商在竞争的基础上参与研究。

图 2.1 所示为俄罗斯、美国和德国的设计试验研制阶段结构流程框图，其对我国从业人员具有很高的参考价值。

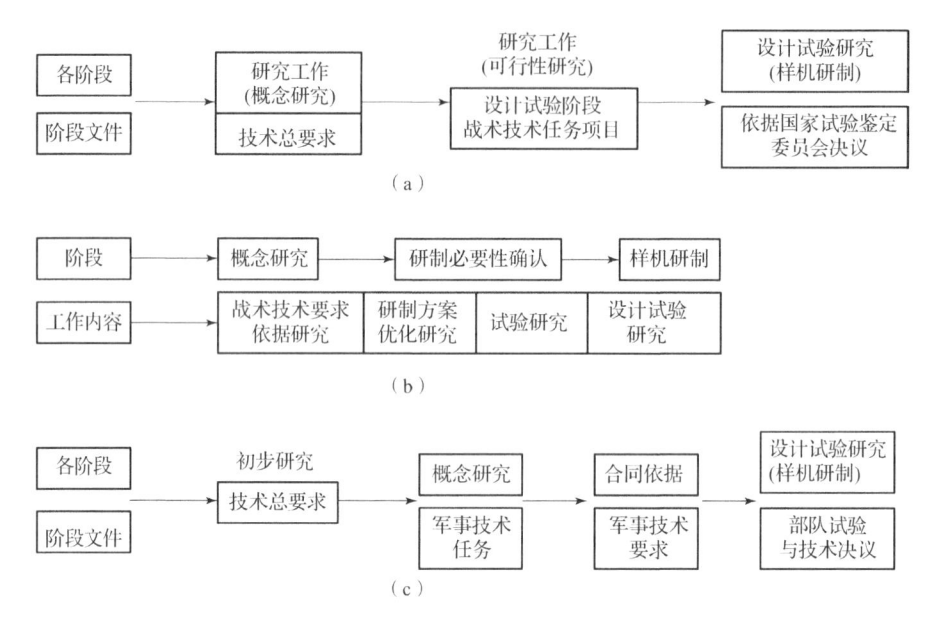

图 2.1　俄罗斯、美国和德国的设计试验研制阶段结构流程框图

(a) 俄罗斯；(b) 美国；(c) 德国

2.2　2010—2020 年火炮系统研制问题的分析

直到 20 世纪 90 年代初，SV-2A36 型、2S5 型"风信子"及 2A65 型和 2S19 型"姆斯塔"等第二代 152 mm 火炮系统，确保了与西方国家军队装备的 M109A2～A5 型和 M198 型（美国）、M109G3 型（德国）、GCT 型和 155TR F1 型（法国）155 mm 火炮系统性能持平，甚至更具有优势。

1989 年，北约接受了 155 mm 火炮装备新的通用弹道标准后，西方国家研制了新的 M109 A6 型（美国）、PzH-2000 型（德国）、AS-90 型（英国）等第三代火炮，而在俄罗斯，新的 2S33 型 152 mm 火炮的研制在试验样机试制阶段就停止了。与此同时，世界上出现了许多与 1989 年北约弹道标准兼容的 155 mm 火炮武器制造商，如中国、南非、韩国、斯洛伐克等。

为了提高射击过程的自动化水平、射速和火炮的自主性,美国和俄罗斯分别研制了"十字军"(美国)和"联盟"(俄罗斯)第四代超级自动化重型自行火炮。然而,局部战争的经验表明,采用重型和复杂的机械,经济性不好。因此,美国的"十字军"工作在试验样机试制阶段就停止了,并对火炮发展计划进行了重新修订,火炮发展概念压减50%,具体如下。

(1) 火炮质量。

(2) 运输费用。

(3) 维护和修理费用。

这种趋势可以从最新的 M777 型和 NLOS-C 型(美国)、Donar 型(德国)第五代火炮系统的研制中观察到。NLOS-C 型似乎是 FCS 型(未来战斗系统)车辆预先研究计划中最完美的,但经常面临价格过高的问题。其原因是在"十字军"计划被取消时,这两种车辆的开发商——联合防御公司已经准备了履带式底盘。结果是联合防御公司在"十字军"计划被取消后,仅 6 个月就能进行 NLOS-C 型的研制和试验工作。该车辆保留了 M777 型 155 mm 榴弹炮 39 倍口径身管、自动装弹机及一个重 20 t 并采用柴电混合驱动的高机动性履带式平台。该弹仓目前可容纳 24 发榴弹炮弹药。

鉴于目前降低武器生产成本和使用成本的总趋势,许多国家正在用轮式车辆底盘来研制火炮,例如法国的"凯撒"、瑞典的"弓箭手"、以色列的"Atmos-2000"等。俄罗斯目前还没有开展此类工作。

20 世纪 90 年代中期,为了提高射速并解决变装药自动化辅助装填问题,以及为了提高使用安全性和简便性,西方国家将 155 mm 火炮药包分装式装药改为模块化发射装药(MM3)。用具有刚性可燃物的火药模块取代了不方便处理的非刚性材料药包袋装药,这是药包装药的自然发展过程。在国外，使用模块化发射装药（MM3）不需要进行火炮结构上的改变，既可以使用旧的药包装药，也可以使用新的模块化发射装药（MM3）。尽管采用楔式炮闩和药筒装药装填的俄罗斯152 mm火炮具有一定的优势，但为了确保高射速针对变装药辅助转换过程的自动化问题至今仍未得到解决。

火炮武器的主要发展方向之一是建立一种允许广泛使用高精度火炮弹药（ВТАБ），达到与常规毁伤手段效果一样的火炮系统。配备高精度火炮弹药（ВТАБ），结合提高射速，并确保同时控制一个火炮连（营）的所有齐射弹药，将从根本上提高身管火炮作为一个兵种的有效性。

与这一重要方向相关的火炮系统的发展为将火炮作为高精度武器使用，平衡火炮系统配置，将火炮纳入毁伤敌人火力侦察系统范畴（图2.2）。

图2.2 高精度火炮系统示意

地面火炮系统应成为火炮部队基本武器装备的自动化产品。地面火炮系统应涵盖全部火力任务谱系，既能自主作战，又能与上级指挥编队中的其他系统和设备结合使用。地面火炮系统应参与部队的火力侦察系统工作，并需要研究以多用途、组合式弹药高精度歼灭敌人的作战方法。

为了歼灭敌方，需要追踪能够提供造成最大伤害的弹药，以使其与预期目标点的偏差最小。

高精度火炮系统和高精度火炮控制系统的组成如图2.3和图2.4所示。

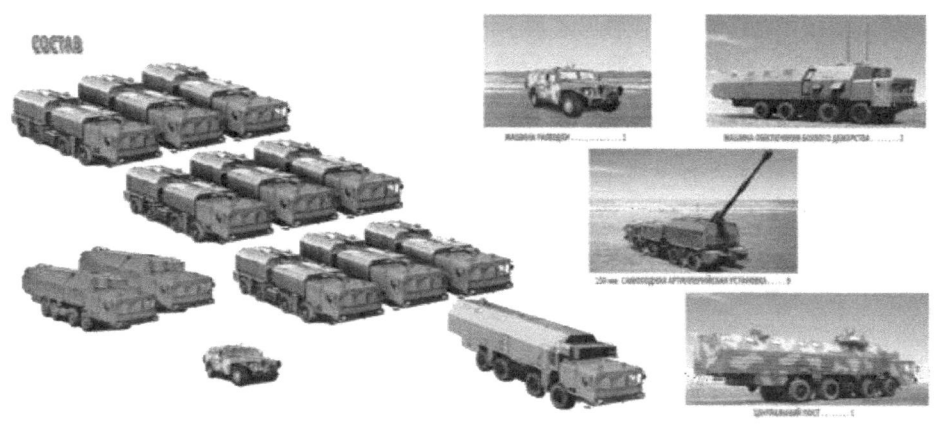

图2.3 高精度火炮系统的组成

图2.4 高精度火炮控制系统的组成

上述情况表明，自20世纪90年代以来，俄罗斯火炮系统在性能特点和作战使用概念方面落后于西方重新研制的火炮系统，其发展计划没有得到全面考虑，特别是在局部冲突中火炮使用条件的变化。因此，俄罗斯在2011—2020年进行的武器研制计划中更加突出将火炮发展方向调整为具有现代科学依据的武器系统。

对火炮从业人员来讲，为了降低火炮武器样机研制成本和缩短其周期，应重点突出火炮系统的技术性能，使其能够优于或等同于潜在对手的火炮系统，并在产品生命周期的最初阶段开始研制。

作为主要火力装备，火炮系统的研制应朝着实现与世界最佳样机相同或优于其战术和技术性能指标的方向发展。

火炮设计是一个迭代过程，允许逐步改进最初的设计和布局方案（经常通过试验方法）以获得满足给定要求的方案。这是由于传统工程分析方法需要精确地确定独立构件的作用力和其他因素、刚度和惯性属性等，在大多数情况下，如果没有获得试验数据，则无法解决这个问题。在这个情况下，采用样机调试方法的结构研究可能非常耗时、昂贵，而且可能无法获得预期的结果。

■ 2.3 火炮设计算法

基于逻辑模型、机械研制现代方法论、系统方法和分解原则，考虑前述火炮系统研制阶段，所研究的火炮设计通用算法确保了在产品生命周期各阶段能够对系统、部件和产品装置的模型开展研究。该算法基于优先且最大限度地利用现有技术方案的原则，并根据模拟结果对其进行修正。换句话说，为了高质量地研究产品结构部件的功能，优选技术方案，包括进行方案验证，在早期设计阶段，将装置作为复杂模型的一部分进行研究是可行的。

在建立火炮设计算法的过程中，应满足以下基本条件。

设计程序系统在所有设计基准上仅使用有限的信息，允许定向搜索部件和系统结构参数，即遵循设计过程的分解原则。

设计过程基于系统方法构建，以零件和部件的功能是否影响其他部件、火炮本身甚至火炮总体为基础。

设计程序系统采用了不同假设条件下的数学模型，允许对火炮零件和部件的结构进行定性研究，并在产品生命周期的后续阶段对其进行跟踪验证。

到目前为止，火炮的研制，即获得有关火炮功能的可靠信息，以及在此基础上，为确保实现火炮规定的战术技术性能而采取的相应措施，已从初步试验阶段开始进行了。在这个情况下，应在火炮部件的设计研究的基础上，在研究机构和工业界所有感兴趣的领域开展科学应用研究。

在经济条件不断变化，以及用于科研工作和探索性设计工作的拨款急剧减少的情况下，在火炮武器的研制、生产和使用过程中，最合理的方法是创建一套能够获得优化技术方案有关信息，并应用于火炮系统样机，也就是说，创建一个综合模型，以解决样机生命周期各阶段（结构、技术、作战使用等方面，包括废旧利用方面）的所有问题。通过计算机仿真和部件与机械机构台架试验所获得的参数，能够确定一致性符合系数，并使计算方法更精准，从而寻求最合理的设计方案，制定提高火炮可靠性的技术措施。

设计研制是在获得产品以及采用各种模拟方法对其功能进行验证的基础上接受和实施技术方案的过程。

通用火炮设计算法如图 2.5 和图 2.6 所示。

在设计阶段，编制火炮研制的技术任务书和战术技术任务书，进行火炮部件模拟分析和方案设计，同时进行火炮部件的工作过程计算和模拟，编制火炮部件及其试验台架装置设计和研究文件。

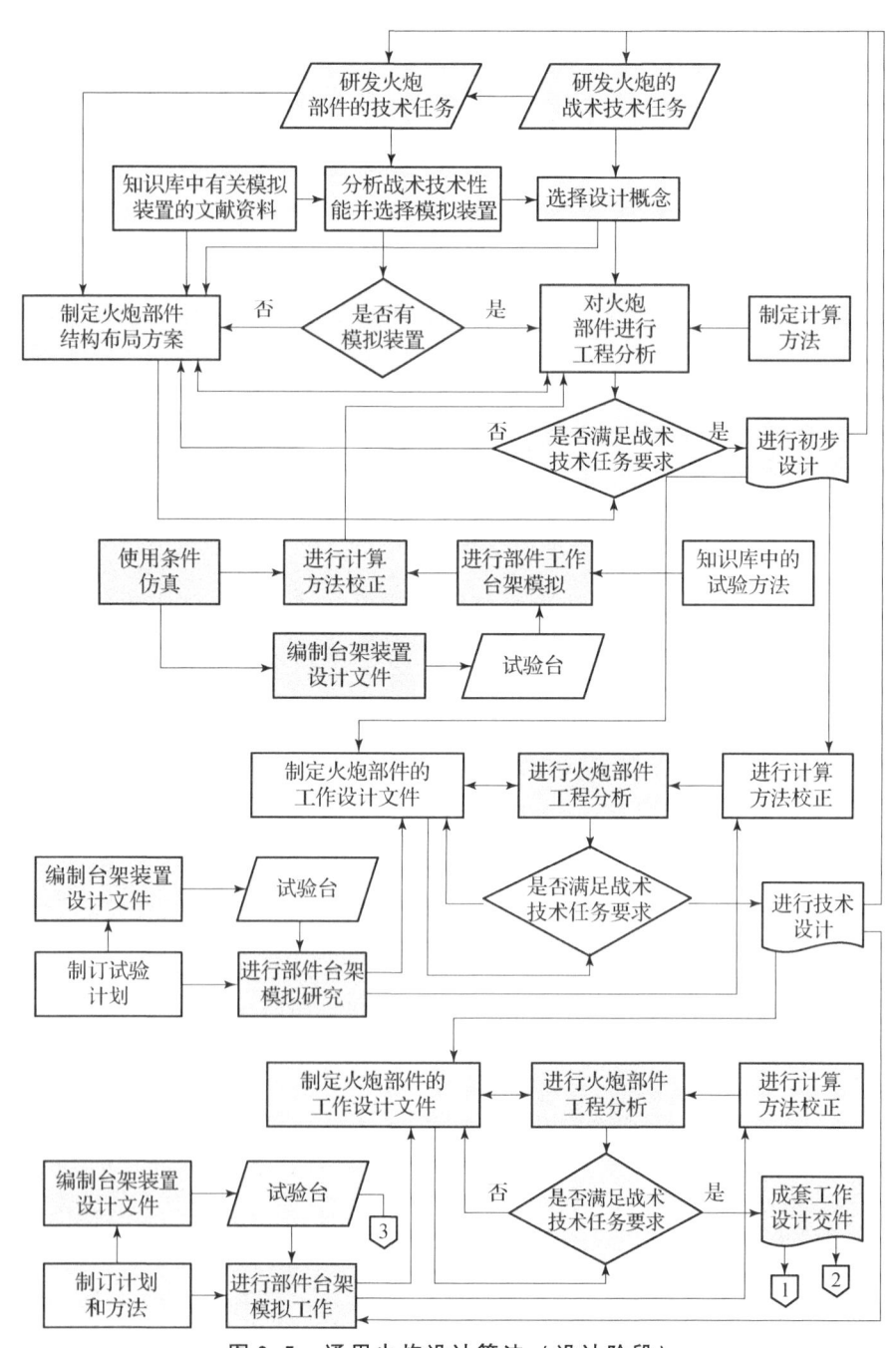

图 2.5　通用火炮设计算法（设计阶段）

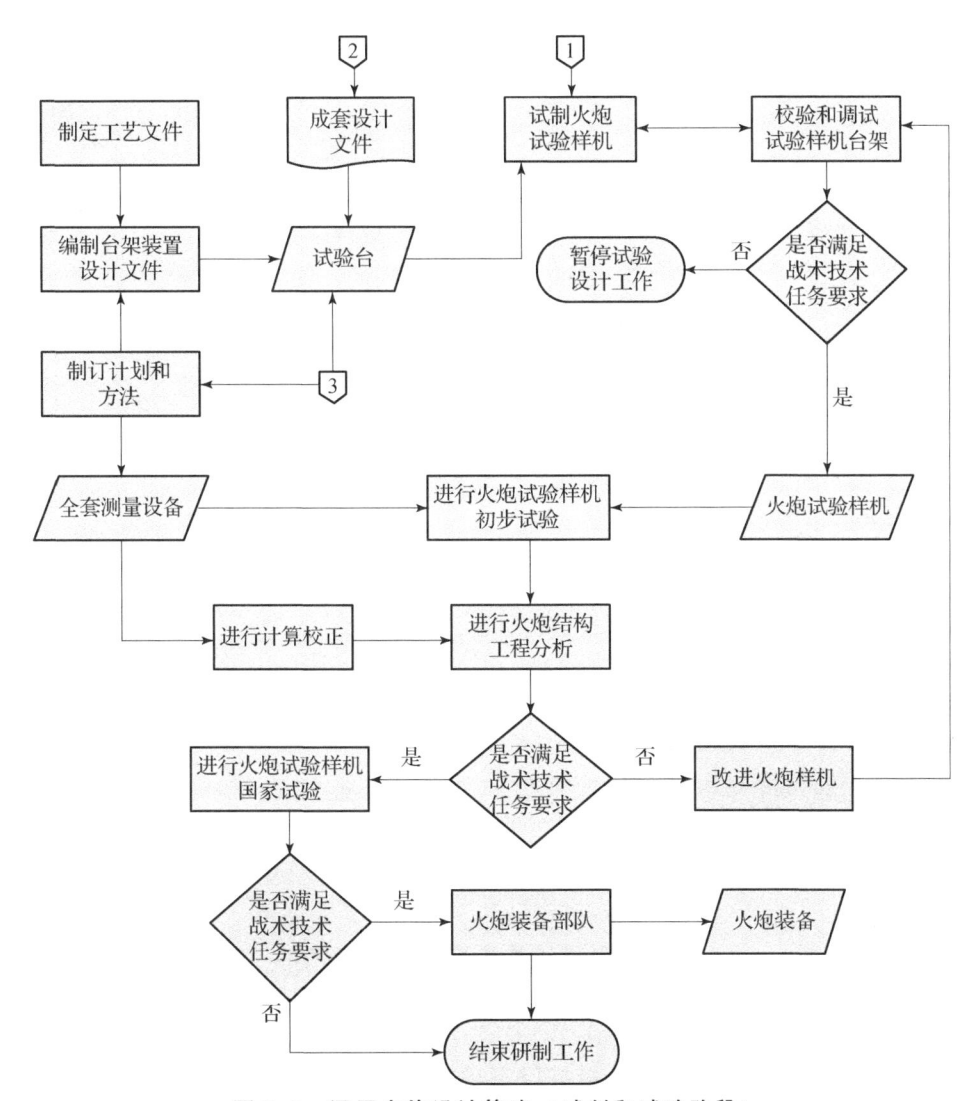

图 2.6　通用火炮设计算法（试制和试验阶段）

在试制和试验阶段，制定必要的工艺文件，试制火炮试验样机和台架试验装置，进行试验验证，并根据试验验证结果，最终决策火炮试验样机是否装备部队。

针对单个部件和整个产品所获得的计算和试验数据，在不满足战术技术任务要求的情况下，火炮设计算法预先提供了重复进行以使产品达到标准值的可能性程序。

第三章
火炮系统试验

火炮系统样机的试验评估（火炮系统试验、含弹药系统试验）是火炮系统研制和批量生产过程中的必经阶段之一。因此，解决计划、组织、进度以及试验结果分析等问题是确保火炮系统样机的质量、安全性和有效性的重要因素。

对火炮系统样机进行试验评估和技术状态监控的程序由国家标准、行业标准以及具体试验方法的方法学文件规定。

■ 3.1 试验是样机研制过程的一部分

火炮系统样机的试验是根据以下内容确定试验对象（样机）的定量和定性技术性能。

（1）功能验证。

（2）不同种类的外部影响。

（3）仿真。

根据国内外弹药制造积累的经验，试验在火炮和弹药系统研制事业中发挥着主要作用。以下情况可以说明这个问题。

在复杂的试验实践中，试验涉及武器系统研制、生产及使用的所有阶段，并首先决定武器系统的研制成本、使用成本及研制周期。例如，对于新研弹药系统，靶场试验过程的费用占研制总经费的 40%~50%，加上初步试验，比例将达到 70%；与此同时，草图设计成本不超过 6%，技术和工作设计成本为 6%~19%。火炮和弹药系统试验方面的总费用包括部队、专项研究以及所有类型系列产品的试验，其占武器试制、装置供应及使用总费用的 20%~25%。在这种情况下，由于样机的复杂性、任务范围的扩大以及应用条件的多样化，观察到材料费用份额和试验时间具有增加趋势。

同时，这增加了火炮系统使用质量要求，例如空运机动性、空降能力、扩展舰载运输能力、寿命和人机环性能，以及在极端气象条件下使用的适应性等。

试验是对产品样机研制、生产和使用，部队列装后取决于样机质量的有效性，以及部队现役装备应用准备水平实施管理和质量监控的主要手段。

试验结果是在火炮系统使用和作战应用计划的基础上，决策样机是否列装的根据。基于试验结果的可信性，及时对是否进行改进、现代化升级及武器新样机研制进行决策。

这些试验的管理验收构成了研究所、生产企业的军事代表专家以及装备管理机关工作人员的主要工作内容，是验证技术攻关、考核项目进度、鉴定装备状态的重要环节。

对装备和武器组织和开展阶段性检查试验，同时解决当前关于火炮和弹药在部队使用中出现的问题，根据实际使用情况，完成获得武器系统性能的信息并进行统计分析，提出整改措施的重要任务。因此，掌握现代规划、组织及进行试验的方法，研究和分析得到的结果，既能够提高武器样机质量，又是提高技术人员在武器研制、试制及使用中的工作效率的必要条件。

进行火炮系统试验，包括三组任务方案。

（1）试验装置、仪器及设备的选择和研制工程任务。确定观察测试记录方法、数据传输方法、信息处理与表征方法等，由试验对象特征决定试验任务的性质。

（2）试验组织任务。按照武器发展规划及其使用过程，根据科学研究的整体实施系统框架和弹药与火炮系统的设计试验研制框架进行。

（3）计划的常见问题。在试验理论框架下，其包括概率论与数理统计、复杂系统理论、程序研究、信息、可靠性、仿真、监控与技术诊断、人体工程学与工程心理学等，据此进行试验结果的研究和分析。

试验的主要目的是获得试验样机的状态和性能信息以及火炮系统的可用性。

试验过程包括以下内容。

（1）观察对象的状态（行为）。

（2）测量过程参数。

（3）评估完成战斗任务的有效性。

火炮系统试验的特点如下。

（1）小容量（对比全寿命周期，试验对象数量不多，观察时间受限）；

（2）在评估样机性质时，需要考虑在各种使用条件（包括在不同战区的使用）下多种因素的影响。

（3）无法对一些特性进行试验研究，如极端条件下的人体工程学，或其他难以客观评估样机作战能力的情况。

因此，在组织试验时，应聚焦于试验前几个阶段获得的有关试验对象性质及其应用条件、来源于部队类似样机的使用经验，以及通过理论研究与仿真所获得的补充信息。一般来说，样机试验可以合理地被视为一套有效的系统性措施，旨在获得样机性能信息，例如通过在设计、试制及使用各个阶段进行试验,在尽量模拟作战环境的条件下直接或间接地研究其使用性能。

从狭义上讲,试验的基础是检查试验对象的技术状态与它的战术技术性能。在这种情况下,试验过程的管理是维持或改变研究试验对象所建立的功能条件(保证所需的试验状态)。

广泛的试验包括对试验对象技术状况的检查,对从样机不同研制阶段中以及在样机使用与制式样机应用过程中所获取信息的采集、表示、分配(传输)、研究与分析。同时,试验管理还包括现役武器应用计划的影响因素。

3.2 试验类型及分类

根据试验目的,试验可分为以下类型。

(1) 在探索研究工作进程中以及在战术技术任务研究中的试验。

(2) 在工程研制过程中的试验。

(3) 初步试验。

(4) 验收试验。

(5) 部队试验。

(6) 批量生产阶段试验。

(7) 研究试验。

根据进行试验的不同地点可以将试验分为实验室试验、工厂试验、靶场试验和部队试验。

试验对象可以是实物(试制或成批)样机以及实体模型、模拟器、数学和物理模型。

根据试验对象的复杂性,试验可分为对火炮系统的总体试验,主要子系统的试验,设备、组件、零件及材料的单项试验。

根据与其他试验对象的相互作用,试验可以分为独立试验和综合试验。

根据所使用的装置类型,试验可分为台架试验、气象室试验、靶场地面和飞行试验、在人工和自然道路上的行驶试验及运输试验(公路、铁路、水路和航空等运输),以及毁伤冲击作用下的稳定性试验。

根据负载水平,试验可分为在正常或加强状态下(加速试验)进行的试验。

根据试验后试验对象的状态特点,试验可以分为非破坏性或破坏性试验。

在战术技术任务的准备和制定阶段,应注重分析从现役装备的部队试验和使用经验中获得的数据。

火炮系统研制过程中的试验是一个复杂的多阶段过程。在工程研制进程中,通过试验确定试验对象的性能并对其改进。在初步设计阶段就需要对研制系统的参数值进行精准的确认。在各种类型的实验室试验和台架试验过程中,修正完善模型,再一次进行更精准的数学仿真或半实物仿真。利用初步试验和验收(国家和部门间的)试验,验证试验样机是否满足战术技术任务要求以及有效技术标准文件的要求。

作为试验对象,火炮系统样机可以分为三组。

(1)根据订货方的战术技术任务研制的武器样机及其组成部分。火炮系统的订货方一般为军方装备管理部门。

(2)根据主要研制人员的技术任务研制的武器样机及其组成部分。

(3)根据装备设计单位、生产单位的技术任务研制的跨行业配套产品。

初步试验标志着工程研制阶段结束,此时应检查依照研制的样机设计文件试制的样机是否符合战术技术任务要求,并评估将其提交进行验收试验的可能性。在初步试验的整个周期内获得正面试验结果,即可将全部成套样机提交进行验收试验。根据主要研发人员的技术任务研制的样机需要经过部门间验收试验。

国家试验的主要目的是验证并建议火炮系统是否列装和转入批量生产。在国家试验过程中，验证火炮系统的作战、技术和使用性能是否满足战术技术任务要求（在尽可能接近实际和使用条件的情况下）；根据其作战应用提出建议；准备火炮系统列装和展开批量生产可能性的结论；提出样机的改进建议。

国家试验由订货方组织。国家试验的基础是靶场试验（弹药系统的飞行和地面试验、火炮系统的弹道试验和其他功能性能试验）。国家试验的最后阶段是进行部队试验，以验证火炮系统在部队条件下完成任务的有效性，明确火炮系统在武器体系中的地位，以及作战使用方法、现役编组（联合）架构、使用和技术文件等。

在批量生产阶段对火炮系统组成部件的试验分为交货接收试验、定期试验、典型试验和专项试验。由订货方代表在技术监督部门的参与下，以供货方的力度和方式对具有确认合格文件的装置进行试验。试验采用的主要规范性文件是技术条件和经订货方同意或批准的相应生产阶段的其他设计文件。由于弹药装备和某些典型火炮系统具有小批量生产的典型特征，所以掌握规划、静态研究及结果分析方面的问题尤为重要。

交货接收试验是为了检查产品在验收和交付时是否满足战术技术任务要求（设计文件）。由于仅对提交批次中的部分产品进行全面检查，所以一项重要的任务是确定最优检查深度（所有战术技术条件要求清单中需进行检测的比例）。随着检查深度的增加，根据试验方案数据，获得的可靠性也在提高，然而试验的成本和持续时间也在增加。

定期试验的主要目的是检测生产（工艺流程）的准确性和稳定性。定期试验通过主要检查从提供产品中所抽查的样品是否满足所有战术技术任务要求。定期试验的可信性取决于测试样本的数量（抽样量）。

典型试验旨在评估样机结构或试制工艺改进的依据；由订货方（其代表）与样机制造商协商确定是否进行典型试验。

在专项试验过程中，主要研究单个构件的性能，检查所使用技术文件中所提供的标准依据；继续探索作战使用的有效方法；评估延长服务周期的可能性；明确对样机进行改进（升级、替换）的必要性。

关于武器质量信息的重要来源是根据火炮系统在列装部队分队、兵团、军区及国防部科学研究机构的使用经验以及随后的学习和分析的基础上，由部队组织收集的性能（特别是可靠性）参数。

考虑到试验类型的多样性，为了采取系统化解决问题的方法，根据试验目的可以将试验分为三组，即考查型试验、研制型试验和研究型试验。

考查试验的目的是验证检测对象的性能（特性）是否满足战术技术任务（技术任务、技术条件）要求。在这种情况下，原则上可能有两种结果：接受试验样机或淘汰试验样机。如果每个测试参数 x_i 都在允许的范围内，则确认接受试验样机。其公式表示为

$$d = \bigcup_{i=1}^{k} (x_i \in \{x_{iT}\}) \tag{3.1}$$

式中，k——被测参数的数量，由被测对象所测参数与 TT3（战术技术任务）的符合程度决定；

$\{x_{iT}\}$ ——第 i 个参数在设定区域的允许值；

符号 $\cup$ ——集合的交集（事件的"积"）。

从求解方法选择的角度来看，该任务属于任务分类（识别）的范畴。在最简单的情况下，当采取两个备选决定中的一个（采用或淘汰产品）时，会得到一组解法：

$$D_1 = \{d_1, d_2\} \tag{3.2}$$

式中，d_1——淘汰的批次；

d_2——接受的批次。

研制型试验的基础是工程设计研究,通过多渠道和手段(策略)确定的多方案保障了结构简化方案达到指定水平。

在通常情况下,通过改善设计、改进制造工艺来提高质量,然而在某些情况下也可以采用全新技术解决方案来实现。针对对象改进过程的控制任务可以表述为对象的"学习"任务,其目的是达到战术技术任务书中规定的参数值。学习(适应)系统用公式表示为

$$Q = \{X, \Omega, Y, U\} \tag{3.3}$$

式中,X,Y——对象的输入和输出参数集;

Ω——被试对象的状态集合;

U——控制量,包括观察对对象(改进)的影响结果。

在求解实际问题时,通常会考虑一个有限集合 Ω,在有限的步长(改进)内可以实现目标。在给定(最少)步长中,可以采用控制有效性的措施服务于目标的实现概率。使用自适应系统理论中的研制方法,可以获得求解工程设计研制中对象质量变化过程优化问题的必要模型。

研究型试验的基础是研究对象的内部性能。其目的是从所测数据与关于其性能的可用先验信息中获得一个过程模型。从被试对象输入和输出的测量结果中获得模型的过程称为验证。形式上的验证任务归结为确定与对象输入和输出相关的算子 A:

$$Y = A(X, \boldsymbol{E}), \tag{3.4}$$

式中,$\boldsymbol{E} = (\varepsilon_1, \varepsilon_2, \cdots, \varepsilon_k)$——不可观测参数的向量,在特定情况下也指测量误差向量。

在实践中可能出现两种情况。如果在试验前就知道模型(算子)的类型,那么任务就简化为评估模型参数(参数验证)。如果模型结构还处于试验过程中,则需要进行结构验证。参数验证问题通常在弹药飞行试验过程中解决,此时在理论方案中事先确定了运动方程系统。可以在

建立的自主飞行模型（建立控制信号和测试机构偏差之间关系的控制规律方程）条件下实现结构验证。作为带有求解有效性的评估函数，其在验证过程中采用了经验逼近理论模型。如果使用参数定义模型确定的输出参数值与对象的反应类似，则称该模型为适用的。为了获得求解问题模型，可以使用系统验证理论中的研制方法。

  上述任务分工是有条件的，目的是便于选择解决试验问题的方法。在实践中，验证通常是控制的一个组成部分，也时常是有效解决分类问题的前提。

第四章 仿真试验规划

模拟仿真（数学仿真）或物理仿真是一种通过试验获得必要信息的方法，其成本取决于数据收集和处理方法。需要从每个试验中提取最大量的信息，因此不仅需要创建模型本身，还需要规划其使用顺序。

在仿真过程中，针对不同性质的模型或产品试验量进行规划和布置试验时，主要涉及两类变量，称为因子和因变量（输入变量和输出变量、自变量和因变量）。

4.1 试验规划理论的要素

试验规划理论具有国家标准规定的概念和术语体系属性。

研究对象是某些性能和质量未知并有待研究的载体。脱离研究对象的物理性质，研究称其为"黑箱"模型的示意如图 4.1 所示。

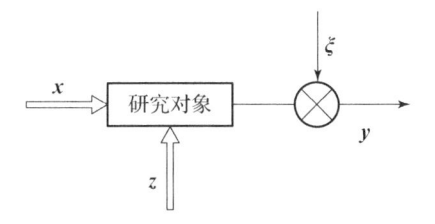

图 4.1 研究对象示意

因子（输入变量）被称为根据建议的变量值，它能够影响试验结果。

向量 $\boldsymbol{x} = (x_1, x_2, \cdots, x_n)$ 和 $\boldsymbol{z} = (z_1, z_2, \cdots, z_n)$ 是一组因子。在这种情况下，$x_1, \cdots, x_n$ 是可监控和控制的因子，试验者在试验时，可用必要的方式调整因子；$z_1, \cdots, z_n$ 是可监控，但不可调整的因子。

可以分出第三组因子 $\boldsymbol{E}$，即不可调整和监控的因子，它是干扰因子（噪声、干扰）。根据物理来源，变量 $\boldsymbol{E}$ 非常多样化，可以是测量仪器的误差、外部环境的影响、操作员的失误等，也包括不受试验者控制因子的影响（无论是因为对其未知，还是因为其难以监控）。

假设干扰因子 $\boldsymbol{E}$ 是随机的，并能在附加（来自拉丁语 additio）干扰 ξ 下获得研究对象系统的输出变量。

因变量（输出变量）称为根据建议的因子值变化的可观测的随机变量。因变量与输入变量的关系称为响应函数，而响应函数的几何表示称为响应平面。在大多数情况下，研究对象的特点是有多个输出变量 y_i ($i = 1, \cdots, l$)，为了方便，假设向量 $\boldsymbol{y}$ 的维数为 1，且研究对象的因变量为 y。

因子发生确定性变化（最常见的是 $\boldsymbol{x}$ 因子）或随机变化（最常见的是 $\boldsymbol{z}$ 因子）。

可控因子的可能值集合是多维空间的一个区域，被称为因子空间。在因子试验过程中，因子在不同水平上可以改变自己的数值。

因子水平是指相对于初始计算值的因子固定值。由于因子具有完全真实的物理性质，而且通常是不同的性质，所以每个因子都有自己的尺度和量纲。这带来了明显的不方便。因此，在进行试验规划时，要进行因子归一化，即将因子的实际值转换为无量纲值。为此，选择某些基本水平的因子实际值 x_{0i}^{H} ($i = 1, \cdots, l$)（通常位于试验范围中心），以及因子 $\boldsymbol{x}^{\mathrm{H}}$ 的调整步长 $D\boldsymbol{x}^{\mathrm{H}}$。

因子归一化初始计算坐标和比例变化按以下公式简化：

$$x_i = \frac{x_i^H - x_{0i}^H}{\Delta x_i^H}, \quad i = 1, \cdots, l \tag{4.1}$$

无量纲归一化因子 x_i 的使用大大简化了数学记录和计算。

更进一步，将因子的归一化值和实际值表示为 $x_1, \cdots, x_n$。如有必要，特别预先说明使用了哪些因子值，但通常根据上下文是可以理解的：在试验规划和处理试验数据时，采用了因子归一化值。如果对研究对象已建的数学模型进行实际试验、分析和解释，那么必须采用因子的实际值，即进行变量变换。

试验是一个旨在获取与研究对象有关信息的操作、作用和（或）观察系统。试验分为被动试验和主动（可控）试验。

在被动试验中，只有 z 因子是可监控的，但不可调整。试验者扮演观察者的角色，不能干涉试验的进程。

在主动试验中，只有 x 因子是可调整和监控的，试验者可以有目的地改变这些因子。

对于可监控因子，在进行主动试验准备时应考虑以下要求。

（1）因子的可调控性，即在划出的测量所需时间段内保持所选水平的一种性能。

（2）用于保持和测量因子水平，具有极高的精度。

（3）因子的独立性，即设置任何独立于其他因子水平的一种性能。

（4）因子的兼容性，即在因子空间试验范围中的任何一点测量因变量的一种性能。

数学统计中描述了被动试验规划和结果处理的方法。

被动试验规划主要归结为，确定观测次数（或确定试验停止规范）以保障试验结果所需的准确性和可靠性。整个试验可由多项试验组成。

试验是指在规定的条件下再现研究现象，并尽可能记录其结果。

试验计划是指累计数据，确定试验的实施次数、条件及顺序。

试验规划是指选择满足给定要求的试验方案。每个试验中的科目都有一组特定的因子值 $x_i(i=1,\cdots,n)$。向量 $\boldsymbol{x}_g=(x_{1g},x_{2g},\cdots,x_{ng})$ 包含了某些因子 $\boldsymbol{x}$ 的一组具体值，定义了试验规划的 g 点。分布有符合试验条件的点的因子空间区域称为规划区域。

向量 $\boldsymbol{x}_g(g=1,\cdots,l)$ 构成了试验计划。试验计划中可能有重叠点（当在同一点重复进行试验时），所有计划点集虽然为一个因子，但处于不同水平，称为"规划谱系"。规划谱系点数量用 N 表示。在试验规划中，通常采用矩阵形式记录试验规划和试验规划谱系。

规划矩阵是指用矩形表格形式记录试验规划的一种标准形式 $x_g(g=1,\cdots,l)$，其行对应试验，其列对应因子。

规划谱系矩阵是指由规划矩阵的所有行组成的矩阵，这些行虽为同一因子，但处于不同水平。

4.2 试验规划基本原则

试验规划基于原则如下。

（1）最优化原则，即从确定的角度预选准则（或一组准则），例如在给定的试验时间和成本内获得最大量信息。

（2）逐步规划原则，即根据个别研究阶段所获得的结果提前做出决定的逐步策略。该原则的实际实施归结为建议采用最简单的符合先验信息的数学模型开始试验。只有当最简单的模型不相符时才转换为更复杂的模型。

（3）噪声匹配原则。随机干扰水平越低，模型可能越精确及复杂；干扰水平越高，越可以期望一个更高级或更简单的模型是可行的。

（4）规划随机化原则。试验实施以随机顺序为前提，能够减小某些非随机因子的影响效果，这些因子无法控制及统计，属于随机误差，可以将该因子视为随机量，并用统计法统计或中和其影响。一般地，在统计学研究中，随机性是指从研究整体中选择分析元素，以此确保样本的代表性，即通过分析一组有限元的特性保证对研究整体做出合理的判断。

随机化几乎可以按以下方式实施。对所研究总体的所有元素（例如所有试验）进行编号，将数字记录在单独的卡片上，并将其放入盒子，然后从中随机抽取所需数量的卡片。所抽取卡片上的数字表明在试验中应使用的因子。借助随机数字的表格和传感器，也可以获得分析元素的随机序列。

4.3 全因子规划方法

这里研究一个由 n 个因子组成的试验对象：$(x_1, \cdots, x_n)$。试验对象的状态总数量 N 为 K^n，其中，K 为每个因子的水平数量。采用所有可能的因子水平组合进行一次相同数量的试验称为全因子试验。

如果因子的水平数量为 2，则规划谱系点数为 $N = 2^n$（n 是因子数量）。用全因子试验 2^n 表示这种试验。如果因子值在 3 个水平上变化，则 $N = 3^n$，这样的试验规划用全因子试验 3^n 表示。因子水平数量 K 与被评估试验对象的模型类型密切相关。

在 $K = 2$ 的情况下，可以得到 N 状态数量"最小"的试验。因此，针对 2 个因子在 2 个水平上的全因子试验 2^2，可以得到一个二阶方程模型：

$$y = b_0 + b_1 x_1 + b_2 x^2 + b_{12} x_1 x_2 \quad (4.2)$$

针对 3 个因子在 2 个水平上的 2^3 型规划，可以得到一个更为复杂的模型。

在一般情况下，针对 n 个因子和 2 个水平，借助全因子试验 2^n，可以得到如下模型：

$$y = b_0 + \sum_{i=1}^{n} b_i x_i + \sum_{i=1}^{n}\sum_{j=1}^{n} b_{ij} x_i x_j + \cdots + \sum_{i=1}^{n}\sum_{j=1}^{n} K \sum_{n} b_{ijKK} K x_i x_j K x_K + b_{123} K x_K \tag{4.3}$$

该模型称为不完全幂模型。

在进行全因子试验的过程中，确定模型系数的估计值。

b_0：虚拟变量 x_0 的系数估计值。

b_i：独立因子 x_i 的系数估计值。

b_{0KK}：因子相互影响（相互作用）（x_1 和 x_2，x_1 和 x_3，x_2 和 x_3，…两个相互作用；x_1，x_2 和 x_3，…三个相互作用，等等）的系数估计值。

全因子规划方法包括两个阶段。首先选择满足指定要求的因子集，然后确定一个因子空间的局部区域，并计划在该区域进行试验。在按照 2^n 方案规划时，通过指定基准面和变化区间来设定该区域。

基准面（规划中心）是在因子空间中的多维点 $\boldsymbol{X}^0 = (x_1^0, x_2^0, K, x_n^0)$。根据试验目的，坐标 x_1 和 x_2 或对应参数额定值，或在其变化区域中心进行选择等，均有待研究。

变化区间相对于基准面对称设置，每个因子的变化区间按以下公式确定：

$$\Delta x_j^n = \frac{x_{j\max} - x_{j\min}}{2}, \quad j = 1, \cdots, l \tag{4.4}$$

式中，$x_{j\max}$ 和 $x_{j\min}$——每个因子的最大值和最小值。

变化区间是从输出参数的预测值和考虑了工作成本影响的输入因子变化的技术可行性条件中选择的。

全因子规划是以规划矩阵的形式组成的，使用编码（无量纲）坐标系。使用以下公式将编码坐标系转换为无量纲坐标系：

$$\frac{x_{j\max} - x_j^0}{\Delta x_j^n} = +1, \quad \frac{x_{j\min} - x_j^0}{\Delta x_j^n} = -1 \quad (4.5)$$

在编码系统中，任何因子的变化上限是 +1，下限是 -1，规划中心的坐标是零，与坐标原点重合 [图 4.2（a）]。

进行试验的因子空间几何点分布在一个单位立方体的顶点上，试验对象具有 $N = 2^n = 8$ 的特征 [图 4.2（b）]。

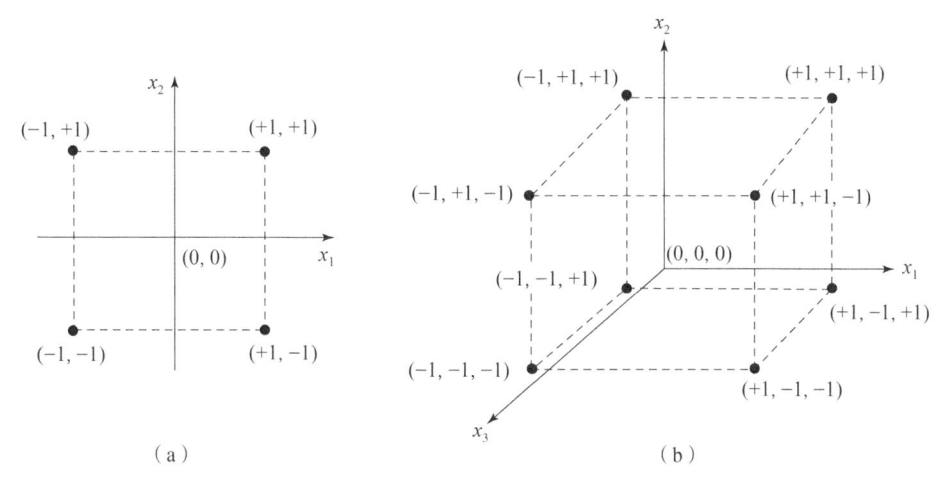

图 4.2 2^2 型和 2^3 型全因子试验的规划区域

（a）2^2 型；（b）2^3 型

全因子规划矩阵 2^2 见表 4.1，其中列（列向量）给出了每个因子 (x_1, x_2) 在当前试验中采用的值，行（行向量）表示每个单独试验的状态。

表 4.1 全因子规划矩阵 2^2

试验序号	x_0	x_1	x_2	$x_1 x_2$	y
1	+	−	−	+	y_1
2	+	+	−	−	y_2
3	+	−	+	−	y_3
4	+	+	+	+	y_4

例如，在研究燃料成分供给条件（x_1——燃料消耗量，x_2——氧化剂消耗量）对液体燃料喷气发动机输出参数的影响时，第 1 次试验在燃料和氧化剂消耗量最小的情况下进行，第 4 次试验在燃料和氧化剂消耗量最大的情况下进行，第 2 次试验在燃料消耗量最大和氧化剂消耗量最小的情况下进行，等等。第一列仅用于完成计算（x_0 是一个虚拟变量，假设总是 +1）。最后一列记录试验结果。

全因子规划矩阵 2^3 见表 4.2。

表 4.2　全因子规划矩阵 2^3

实验序号	x_0	x_1	x_2	x_3	x_1x_2	x_1x_3	x_2x_3	$x_1x_2x_3$	y
1	+	−	−	−	+	+	+	−	y_1
2	+	+	−	−	−	−	+	+	y_2
3	+	−	+	−	−	+	−	+	y_3
4	+	+	+	−	+	−	−	−	y_4
5	+	−	−	+	+	−	−	+	y_5
6	+	+	−	+	−	+	−	−	y_6
7	+	−	+	+	−	−	+	−	y_7
8	+	+	+	+	+	+	+	+	y_8

在选择因子时，需要决定对哪些偏差感兴趣，即需要测试哪些内容，然后决定哪些因子影响这些偏差。因子可能是恒定的，并发挥边界条件作用；也可能是变化的，但不可控制，并带来试验误差；还可能是可测量且可控制的。

因子的水平数量应尽可能少，但要足以达到试验的目的。如果使所有因子的水平数量相同，为 2 个或 3 个，则试验可以得到大大简化。例如，如果对线性效应感兴趣，则在其变化范围的区间两端选择两个水平就足够了；如果是 2 次的，则选择 3 个水平；如果是 3 次的，则选择 4

个水平，等等。

最容易规划的是单因子试验（其中只有一个因子变化）。观察数量由可接受的成本、所需的验证能力或结果的统计显著性决定：

$$X_{ij} = M + T_j + \varepsilon_{ij} \tag{4.6}$$

式中，X_{ij}——第 i 个观测值 ($i=1,\cdots,n$)，在第 j 水平上 ($j=1,\cdots,k$)；

M——整个试验的总体影响；

T_j——第 j 种状态的影响；

ε_{ij}——第 i 个观测值对第 j 种状态的随机误差（假定为正态分布的随机变量）。

合理的试验数量的依据在于确定可接受的经济技术方案和最短的试验时间、产品可能的工作时间、试验必须的精度和可信性，或者通过试验计算方法评估满足给定要求的情况。

试验规划最紧迫的是确定产品可靠性指标，这需要大量的统计数据。为了减少试验数量，尤其是涉及昂贵资源的试验和射击试验，当有理由认为产品的可靠性不低于规定水平时，可以使用额外的（早期的）信息来确定试验的范围和可靠性指标，可能会用到以下数据。

（1）被试验产品可靠性指标的设计估计值。

（2）根据试验和使用结果计算出的类似产品及其组成部件的可靠性指标估计值。

以下方法可用于特定检查条件下的试验数量规划，并验证所规定的可靠性要求是否得到满足。

（1）针对指标 R 采用点估计法和统一指标法，其要求见表 4.3。

表 4.3 点估计法和统一指标法的要求

$R \geq R_{mp} u$	$\sigma_R \leq \sigma_{Rmp}$	当从下限制 R 时
$R \leq R_{mp} u$	$\sigma_R \leq \sigma_{Rmp}$	当从上限制 R 时

表中，σ_R 是受控参数的标准偏差（同质性指数）；R_{mp}，σ_{Rmp} 是可靠性指标的要求值。

（2）单侧置信区间法的要求见表 4.4。

表 4.4　单侧置信区间法的要求

$R_{нγ} \geqslant R_{mp}$	当从下限制 R 时
$R_{вγ} \leqslant R_{mp}$	当从上限制 R 时

表中，$R_{нγ}$，$R_{вγ}$ 分别为监控指标的单侧置信区间的下限和上限，对应特定的可靠性水平。

使用上述方法可以为下列指标和根据装备类型与火炮课题（置信概率 $\gamma = \gamma_{tr}$）给定的产品可靠性要求确定试验数量。

$$P(t)_H \geqslant P(t)_{Tp}$$

$$T_{0H} \geqslant T_{0Tp}$$

$$K_{\varGamma H} \geqslant K_{\varGamma Tp}$$

$$K_{pB} \leqslant K_{pTp}$$

式中，$P(t)$——产品在使用周期内无故障的概率；

t——周期时间；

T_0——平均无故障时间；

$K_\varGamma$——准备状态系数的综合指标；

K_p——非计划维修率的综合指标。

试验规划或模拟对象的试验数量对模型本身有直接影响，因为它简化了模型并降低了完成工作的成本。

第五章
火炮系统研制过程的仿真方法

5.1 仿真是研制火炮系统的研究方法

仿真是一种特殊的认知方法,它基于世界的统一性原则,基于(有生命和无生命的)自然界中所存在的一般辩证发展规律,基于对所有现象的普遍联系和相互依存的认知。每种模型都应作为反映现实的一种具体形式来研究。术语"模型"在现代科学中有多种意义。其最普遍的意义是一个专门建立的用于再现所要研究的真实对象的某些形状,但远不是所有特征。

科学和技术的不断进步导致复杂系统的应用,建立相应的数学模型则变得越来越难。综上所述,实际上不存在不能用仿真方法解决的问题,仿真方法的应用仍然具有紧迫性。

尽管前面指出了仿真方法的缺点,但仿真方法仍具有良好前景,主要有以下几个原因。

(1) 计算机运算速度和存储容量增长。

(2) 在多处理器机器上进行并行计算的可能性提高。

(3) 建立带有最合适机器用户接口的计算机网络成为可能。

(4) 减小结果散布的方法有所发展。

(5) 仿真方法为用户和计算机提供了一种互动的操作模式。

(6) 通过仿真方法可以建立仿真对象的数据库。

仿真作为一种科学研究的方法,涉及使用计算机技术模拟各种过程或运算。相关设备或过程在下文中称为"系统"。对于一个系统的科学研究,需要对其功能作出某些假设。这些假设被表达为数学关系式或逻辑关系式,并代表相应的模型,在此基础上研究相关系统的行为。如果模型中的表达式足够简单,在求解相关问题时能够获取准确的信息,则可以采用分析方法。然而,实际上大多数系统是非常复杂的,不可能建立分析模型。这些模型必须通过仿真方法来研究,即针对所研究系统的性能,使用计算机进行计算来获得数值结果。

仿真方法一般用于存在随机过程的情况下。在这种情况下,优先解决与随机现象有关的问题。在使用仿真方法解决大量问题时,需要使用概率论、数理统计、运筹学等知识。仿真方法的数学工具涵盖了数学专业领域的所有相关信息。

即使看似简单的实际系统也过于复杂,无法对其进行详细的研究。因此,有必要对一个实际系统的大部分属性进行抽象,并在这些属性中分离出那些综合起来有可能建立一个简化版本方案的属性。通常合适的做法是在对系统各要素进行分析的基础上,将这个过程分解为一系列独立步骤。这种方法基于这样一个事实:一个系统中总有若干要素,它们彼此之间没有关联关系。

一旦系统被分解为一些要素,就会对要素间相互作用的性质和类型建立假设。在大多数情况下,关于要素如何工作或两个及更多要素间的相互作用的假设是如此简单,其影响是如此明显,以至于可以直接使用统计分析或其他经验方法来检验它们。例如,假设系统中的服务时间是按指数分布的,进程中的时间唤醒服务符合泊松定律,则可以使用现有的数据，即通过对系统服务运行的观察来检验这些假设。

在整个仿真过程中都会有模型符合性检查任务。所有模型的一些普遍缺点如下。

(1) 模型可能包含不相关的变量。

(2) 模型可能不包含相关变量。

(3) 一个或多个相关变量的估计或表述可能相当不精确。

由于建立模型是为了求解一个待研究的具体问题，所以有必要选择能够提供关于所研究对象的最多信息的模型类型。模型类型非常多样：数学的模型、数字的模型、物理的模型，甚至是使用文学术语描述过程的语言学模型。试图以任何方式描述一个复杂的现象、机器的工作和其他相同的方法等，总是会导致更复杂的研究。这时，为了简化过程，总是要做一些假设。虽然人们试图对其进行解释，但它们还是使结果产生偏差。

因此，需要结合所建立的不同类型的模型创建一种综合模型。下面要讨论的正是针对复杂技术系统（如火炮总体类型）而开发的综合模型。

为了求解这个问题，首先要确定火炮总体研究的所有阶段，然后规划在每个阶段需要进行的最重要的模型实验（测试），以获得系统组成部件信息及其功能实现过程信息。

5.2 用于火炮结构设计的模型和试验台架的分类

在特殊性方面，火炮系统的功能呈现复杂的气体动力学过程、反复的冲击载荷、火药气体作用、冲击波及外部因素、部件高速工作以及具有不同物理性质零部件的运动学复杂机制等特点。根据相似理论规律，可将模型分为以下几种（图5.1）。

（1）借助于计算机辅助设计系统获得的虚拟（计算机）模型，其中包括描述火炮功能的数学模型。

（2）物理可扩展模型。

（3）弹道和模拟药室装置、靶场目标。

（4）用于记录部件和火炮系统某些参数的试验台架。

（5）用于组装、调试和质量控制的试验台架。

（6）一类单独的装置试验台架，包括用于训练火炮乘员的模拟训练器。

图 5.1 火炮结构设计的模型和试验台架的分类

在寿命周期的所有阶段进行火炮结构设计，允许将科学建议与实际设计结合，并在部件、装置及产品实际结构中运用新的方案，以获得最合理和可靠的结构，并建立工件技术解决方案，积累火炮系统研制中的丰富经验。

5.3 开发虚拟（计算机）模型

虚拟（计算机）模型是最有前途的产品设计类型。火炮系统总设计师格·伊·扎卡敏内依强调了在火炮系统研制中现阶段发展虚拟仿真方法的重要性。他说："我们很清楚，如今使用传统的设计方法不可能在武器市场上获得成功。我们的任务是通过使用仿真设计和虚拟样机技术，将先进武器的研制提高到一个新的水平。"

在自动化背景下，结构设计工作阶段的现代技术发展趋势表明，要为设计过程创造一个独特的空间。其含义如下。

（1）采用基于模型的面向对象技术。

（2）从依赖键盘过渡到通过智能计算机辅助设计实现与用户的有效互动。

（3）调整硬件和软件，将其用于工程师协同工作，即所谓的无边界设计技术。

（4）采用易于使用的面向对象系统、专门的数据库和信息结构。

面向对象的技术从简单的计算机辅助结构设计和工艺文件过渡到项目中的模型，并允许将基本图形环境转变为涵盖复杂实际对象的特定行业设计的物体（图 5.2 和图 5.3）。

图 5.2　图形环境中火炮上架部分的虚拟模型

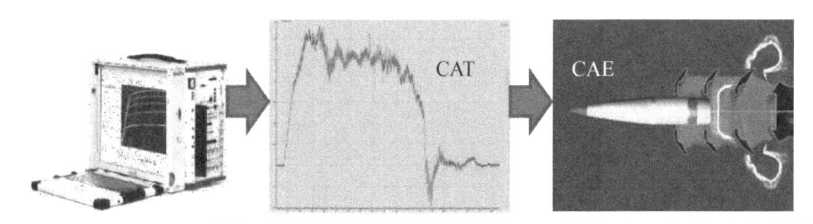

图 5.3　FlowVision 计算结果可视化模块中的射击后效期阶段气体动力学模型

基于模型的设计不仅产生几何图形，且会构成一个相互联系的信息网络。除了几何信息外，这些设计还可以包含对象设计中所需的任何其他数据，例如规格、图表、热或电特性参数、试验和使用结果的信息、备附件产品价格等。面向对象技术的有效性在很大程度上由软件决定，其开发包括确定装置的组成部分，定义有关它们的图形信息的类型和方法，创建一个最大限度地保障多方案仿真的信息库，并建立一个标准基础图形环境的适应性界面。

在对足够数量的典型构件进行研究的基础上，区分待研制装置的组成部分是创建信息软件的一个重要步骤。正是这个阶段决定了知识库的构成，它应该是最优的，即不冗余，同时要足够完整，能保证研制尽可能多的装置模型。这样的知识库应该包括具有统一信息交互界面的仿真图形和工程分析软件包、对物理过程进行测量和试验数据处理的例证等，并将它们结合到产品生命周期管理系统中。这方面的一个例子是俄罗斯开发的计算机辅助设计系统 Compass – 3D，其数据传输模块被 FlowVision 数学仿真系统所接受，而 L – Card 则在 Microsoft Excel 中进行结果处理，并转换到计算机辅助设计系统中进行测试。

为了在虚拟（计算机）模型仿真中获得可靠的信息，有必要忽略实际系统的大部分属性，只在这些属性中选择若干属性，它们有可能共同构建一个简化方案，即选择确定的相似性准则和系统仿真的调整范围。

作为示例，基于俄罗斯中央国家机关海燕研究所的研究资料，求解自行火炮发射过程中的动力学问题。

自行火炮可以被看作一个通过弹性阻尼相互连接的四体系统：底盘代表自行火炮的整个弹性质量（除了旋转部分）；炮塔及位于其中的所有装置组件即旋转部分，除了上架部分；上架代表摆动部分，不包括后坐部分；后坐部分。

整个系统完全由以下通用坐标来定义：底盘的3个线性运动和3个角度运动；炮塔在相对于底盘水平面上的角运动；摆动部分相对于上架耳轴在垂直面上的角运动。

考虑到关于自行火炮行为被普遍接受的假设（系统构件均为刚体、在发射位置无倾斜、连接处不考虑间隙等），使用系统通用坐标的线性方程组矩阵来求解是合适的。

对自行火炮的所有组件的动力学和动态载荷计算结果的分析表明允许进行如下研究。

（1）研究发射过程中自行火炮不同设计方案的特性。

（2）为了选择合理的布局和自行火炮的某些部件与机构的参数优化而进行实际建议研究。

（3）在射击过程中，针对承载空间布局，基于自行火炮组件确定动力学载荷，以及解决火炮系统设计中的任何其他问题。

当今的武器产品呈现高科技、知识密集的特征，故需要新的、更复杂的设计方法。利用现代信息技术，包括产品生命周期管理系统，有可能在考虑气体和流体力学作用过程的情况下，成体系地自动综合固体和可变形机械系统。然而，业界中个人工作站形式的资源已不足以解决全部火炮系统面临的工程分析任务。在这个方面，在多处理器机器或网络集群的基础上，开发高性能计算技术的需求正变得越来越迫切，这些迫切的设计任务直到现在还被归类于由于应用硬件和软件的技术资源有限而无法解决的问题。

创建包含超级计算机、世界级商业软件及专业计算系统的创新科学技术中心，以及发展集群计算网络方法，将为设置和实现用于分析多组件技术系统功能的计算仿真和设计，并伴随试验计算的复杂技术任务提供资源基础。因此，制定以下内容。

（1）采用基于强大图形处理器的超级计算机，进行复杂技术系统的模拟仿真，允许获得可信的所研制样机的样品，虚拟再现火炮系统功能的不同过程。

（2）采用结构和部件的多参数、多准则优化技术，允许在早期设计阶段研究可能的技术解决方案并找到最佳方案。

（3）基于解决多学科问题的耦合计算分析技术，允许对发射过程中发生的复杂物理过程进行数值描述。

根据从业人员的经验和行业专家的意见，这将确保创造以下技术和经济效益。

（1）将研制火炮系统的周期和费用缩短及减少为原来的1/1.3。

（2）将昂贵的射击试验的数量减少到原来的一半，从而降低试验的成本。

（3）在某些情况下，用虚拟试验完全取代实物试验。

在研制组件和装置的过程中，对于通过计算机仿真获得的参数，可以通过确定符合系数和寻找最合理的设计方案，使计算方法更精准，并采取措施提高火炮系统的可靠性。

第六章
模型类型与相似理论

6.1 仿真模拟

仿真模拟（数学仿真或物理仿真）是一种借助试验获得必要信息的方法，其成本取决于收集和处理数据的方法。需要从每个试验中提取尽可能多的信息量。

仿真与系统功能密切相关。系统呈现为通过某种形式有规律的相互作用或相互制约并能够完成确定的功能，联合而成的一组对象或对象的集合。

此类系统的例子包括武器系统、工业企业、组织、运输网络、医院、城市建设项目、可控人机系统。系统功能是完成特定任务所需的一系列协调作用。从这个角度来看，感兴趣的系统是具有目的性的。这一状况要求在对系统进行仿真模拟时，要集中关注给定系统的目标或者应该解决的问题。应时刻牢记系统和模型的问题，以实现它们之间必要的协调一致。

对任何对象的科学研究总是可归结为对研究对象建立模型或模型组。而且，在科学仿真中，模型既是目标，也是手段和研究对象。因此，模型是一个系统，对它的研究是获取另一个系统信息的手段。基于每种科学模型，均或多或少发展了其所映射对象的理论，模型本身则局限于该理论的框架。

科学仿真分为以下几个阶段。

建模的基准点通常是现象（试验中观察到的）实证图，该图是针对研究任务而提出的，有待寻求答案。在了解和提出任务的过程中，研究人员对现象进行图表化和理想化表达，突出其特性及其影响因素。在明确本质特征和影响因素后，研究人员着手对其进行定性和定量评估和解释，需要将试验所得数据转化为数学概念和数值的语言形式，因为数学语言被认为是通用的科学语言。

因此，数学模型是将真实对象或现象形式化的结果。

建模后，对模型与现象的物理和逻辑一致性或正确性进行符合性检查。所建模型用于研究和分析所研究现象可能性能、功能及其发展的规律性方面的假设。进一步计划进行验证所提出假设的试验。如果假设被证实，则所建模型即成为针对研究现象创建科学理论的基础。这些是科学仿真的基础阶段。

在解决任何问题时，试验和模型均扮演着主要角色，对所获结果的分析也是如此。模型给出正确的试验安排，试验对模型进行精确修正。试验有两个方向：结果处理和试验规划。模型的可信性是通过观察和按逻辑正确处理数据实现的。

仿真广泛应用于各类技术中，包括水力发电设施和航天火箭研究、控制仪表调试和人员培训、各种复杂对象控制等方面的专业模型。仿真在军事工程中的应用多种多样。近期，针对生物和生理过程的仿真获得特殊意义。在科学技术发展的现阶段，预测、控制及识别问题具有很大的意义。在试图用计算机再现人的行为时产生了进化仿真方法。进化仿真之所以被提出是因为人们把它作为可模仿人脑神经元结构和网络中的启发式和仿生学方法的替代品。其中心思想是用演化过程仿真替代智能仿真。因此，仿真成为与计算机相结合的通用认知方法之一。这里尤其要强调仿真的角色，即无限探索以更精准地反映自然界。目前仿真引起了极大关注，并在许多知识领域获得了非常广泛的应用：从哲学及其他人文知识领域到核物理及其他物理知识领域，从无线电技术和电气技术知识领域到力学、流体力学、生理学和生物学等知识领域。

模型按照对象的本质特征可以分为以下几类。

（1）与系统功能相关的模型。

（2）面向真实世界问题的模型。

（3）为了帮助控制系统的人员，或至少对其性能感兴趣的人员的模型。

如果模型最终不能使用，或者它对决策者没有好处，那么就不能证明仿真研究正确。仿真对于模型创建者和用户都是一个学习的过程。

仿真应用于真实系统的研究过程可以分为以下几个阶段。

（1）系统定义，即确定待研究系统有效性的边界、限制及计算单位。

（2）模型构成，即从真实系统到某种逻辑图（抽象化）的转变。

（3）数据准备，即选择构建模型所需的数据并用适当的形式表示。

（4）模型编码，即使用计算机确认的语言描述模型。

（5）符合性评估，即将用于评判基于模型所得出的有关真实系统结论的相对正确性的置信度提高到可接受水平。

（6）策略性计划，即对应给出必要信息的试验计划。

（7）战术计划，即确定预先试验计划中的每一系列试验的实施方法。

（8）试验，即以获取所希望数据及其灵敏度分析为目标的仿真实现过程。

（9）解释，即根据仿真所获得的数据得出结论。

（10）实现，即实际使用模型和（或）仿真结果。

（11）文件，即项目实施过程及其结果的记录，以及模型建立和使用过程的文件。

可制定模型应满足的具体准则，具体如下。

（1）简单易懂。

（2）目标明确。

（3）保证运行可靠，无荒谬结果。

（4）操作和使用方便，易交互。

（5）适应性强，可轻松进行切换或更新数据，并可渐进式变化，即开始时比较简单，在与用户的交互中逐渐具备能够解决复杂主要任务的能力。

由于仿真是为了解决一个具体的研究问题，所以有必要选择能够获取关于研究对象最大信息量的模型类型。模型类型非常多样：数学模型、数值模型、物理模型等，甚至用文学形式描述过程的语言学模型。当尝试用任何方式描述一个复杂的现象、机器运行等时，任何方法总会导致研究复杂化。

建模的方法也非常多样，包括物理建模、数学建模、数学物理建模。

物理仿真指的是在具有物理相似性的装置上进行研究，即完全或至少基本保留现象的本质。数学仿真具有更广泛的应用，是通过研究具有不同物理内涵的现象，并用同一种数学模型描述不同过程的研究方法。数学仿真比物理仿真具有更大的优势，因为数学仿真不需要保留模型尺寸。

6.2 相似理论

6.2.1 相似理论的基本状况

相似理论（类比理论）是科学仿真的基础。相似性（类比）是指物体在定量和定性特征方面的相似性。牛顿于 1686 年在其著作《自然哲学的数学原理》中首次提出机械系统相似性的概念。在这本著作中，基于相似性原理，牛顿给出了一个适用于刚体运动的力的一般表达式，将其与物体下降速度和物体体积联系起来。

在 19 世纪下半叶，相似理论被应用于实践，例如 B. 弗劳德研究水面船舶运动阻力的试验、O. 雷诺研究管道内流体运动的试验、H. E. 朱可夫斯基研究航空动力学的试验。目前，相似理论是所有科学试验的基础。

测量任何数值都要将其与另一个与其同名的计量单位进行比较，这两个数值的比值是待度量值的量度。

物理量之间有确定的关系。因此，如果取其中一些物理量作为基本（原始）量，并给它们设定具体的计量单位，那么导出（派生）量的计量单位将借助基本量的计量单位以一定方式表达。基本单位和导出单位在基本量和导出量的相似性方面不同。

基本量用相应的基本计量单位直接测量，导出量通过比较相关的基本量来测量。例如，如果把长度和时间作为基本量，把速度作为导出量，那么具体速度的数值将用一段路程除以时间间隔的数值表示。这并不意味着在实际测量某物体的速度时，每次都要测量该物体所走过的路程和相应的时间间隔，而只需要知道如何直接测量速度即可。

从基本单位导出单位的表达公式称为量纲式或简称为给定量的量纲。量纲用基本单位的符号表示。例如，如果 L 表示长度单位，T 表示时间单位，则速度 v 的量纲用如下公式表示：

$$[v] = \frac{L}{T} \tag{6.1}$$

此类公式中的方括号部分表示括号内物理量的量纲。可用具体的计量单位（如 m/s）替换单位符号。

通用单位制是满足高斯单位制规则的绝对单位制。这一规则与牛顿第二定律有关，该定律指出，力 K 与质量 m 和加速度的乘积成正比，用如下公式表示：

$$K = Am \frac{\mathrm{d}v}{\mathrm{d}t} \tag{6.2}$$

高斯提出从绝对单位制中选择的计量单位要使该公式中的比例系数 A 变成 1。因此，其公式为

$$K = m \frac{\mathrm{d}v}{\mathrm{d}t}$$

其量纲为

$$[K] = [m]\left[\frac{\mathrm{d}v}{\mathrm{d}t}\right] \tag{6.3}$$

例如，取 $[K] = \mathrm{H}$，$[\mathrm{d}v/\mathrm{d}t] = \mathrm{m/s^2}$，则质量的量纲为

$$\mathrm{m = H \cdot s^2/m}$$

定义任何现象几乎只要设置 3 个基本量的计量单位就足够了。其基础为通用计量单位制。

在人们一直使用的工程单位中，基本量是长度、力和时间，基本单位是 m、kg、s。在物理计量单位制中，质量取代力作为基本单位，并用 kg 计量。工程和物理单位也可以应用于热现象和电现象的研究，但在这些知识领域通常使用特殊的计量单位。通过使用物理常数，实现了从热量单位或电量单位到力单位的转变。例如，对于热现象，其中一个常数是热功当量[①]：

$$I = 427\,\mathrm{kgf \cdot m/kcal}$$

从前面的叙述中可以看出，派生量的量纲是从基本量的量纲中得出的，因为派生量本身是从基本量中导出的。因此，根据工程单位，取长

---

① 注：公式中千克力（kgf）为非法定计量单位，现已不使用。

度 L、力 K 和时间 T 为基本量,速度、加速度、质量和功率的量纲式如下:

$$[v] = \frac{[L]}{[T]} = LT^{-1} \quad (6.4)$$

$$[\dot{v}] = \frac{LT^{-1}}{T} = LT^{-2} \quad (6.5)$$

$$[m] = \frac{[K]}{[\dot{v}]} = KL^{-1}T^{2} \quad (6.6)$$

$$[N] = [K][v] = KLT^{-1} \quad (6.7)$$

同理,可以推导出其他物理量的量纲式。派生量的量纲式规则通过基本量的量纲决定其一般表达式。所有这些公式都是简单的幂函数——单项式:

$$[P] = a_1^{\alpha_1} a_2^{\alpha_2} \cdots a_n^{\alpha_n} \quad (6.8)$$

式中,P——某些物理量;

a_i——基本物理量的计量单位;

α_j——计量单位幂指数;

满足如下条件的函数称为同质函数。单项幂函数及其量纲具有同质性。

$$\varphi(c_1 a_1, c_2 a_2, \cdots, c_n a_n) = \psi(c_1 c_2 \cdots c_n) \varphi(a_1 a_2 \cdots a_n) \quad (6.9)$$

式中,c_i——基本物理量计量单位的相似常数。

当从单位制 a_1,a_2,…,a_n 转变为单位制 $c_1 a_1$,$c_2 a_2$,…,$c_n a_n$ 时,物理量 P 的数值将以 $1/(c_1^{\alpha_1}, c_2^{\alpha_2}, \cdots, c_n^{\alpha_n})$ 倍发生变化。

例如,如果速度 $v = 1$ m/s,则在单位制 km/h 中,速度的数值为:

$$v = \frac{1}{1\,000 \times 3\,600^{-1}} = 3.6 \text{ (km/h)}$$

所谓量纲式的同质性是简单幂函数性质的结果。相同量纲的幂函数之和同样具有同质性。

如果自变量是一个无量纲的同质函数,则其属于超越函数。作为相同量纲的同质函数之和的物理学方程也具有同质性。因此,当从一个计量单位转移到另一个计量单位时,函数不会改变其形式。这样的方程称为完全方程。

除了具有量纲的物理量(有量纲量),通常还会遇到无量纲量。可以把无量纲量看作两个或几个有量纲量的比值。例如,一个以弧度为单位的角度是沿该角度的弧长与半径的比值,即两个长度的比值。无量纲表达形式的相对速度是速度与长度乘以重力加速度的平方根的比值:

$$v_{相对} = \frac{v}{\sqrt{l \cdot g}} - 弗鲁德准数$$

无量纲量的数值与其所采用的计量单位制无关。利用通用方法来确定这些量的量纲,会发现它们是用一个单位来象征性地表示。

如果用相对值表达其定量属性,则任何现象都可以归结为个别一般情况。通过从绝对值到相对值的转化,由现象性质条件所确定的不变参数被自动组合成无量纲函数,从而作为独立因子被排除在考虑范围之外。反之,在从相对参数特性到绝对参数特性的转变中,绝对参数特性是通过乘以从被分解为单个独立值的函数中分离出的相应参数而获得的。

因此,广义分析形式有两个专业特性,即变量的相对性和参数的复合性,它们是有机联系的。其具体意义取决于将函数分解为相乘数的何种形式。每一分解方案对应自己的数值含义,并对应一个完全确定并不同于所有其他现象的现象。这些现象密切相关,它们相互间对应的特性基于以下条件。

(1)在所有情况下,基本物理效应强度之间的比率都相同。

(2)所有以相对形式表示的定量属性均相同。

(3)任何变量的边界分布均彼此相似。

这种不同现象之间极为独特的类型被定义为完全物理相似。多种现象均对应于一般个别现象，即构成了一组相似现象。

一般个别现象是一组相似现象的相对形式。但同时，每个给定的一般情况都对应函数的某一组数值，这是它唯一的定量标志。因此，对于同一组的所有现象，函数具有同等价值。这些现象不需要满足其他定量的要求。

与相对算子对应的函数数值详细定义了一组相似现象所固有的定量属性，并将该组作为一个整体描述。因此，把函数正确地称为相似性准则。

应当注意，根据构建函数的原则，每个准则都可视为对研究过程具有重要意义的两种物理效应强度比率的某种平均量。因此，准则数值可以作为一般定量评估的基础。

作为多种现象的代表，在研究获取定量比率的过程中，特定现象构成一种一般情况。因此，引入相对变量，所有不变参数都被函数所取代。研究的定量结果均以无量纲关系呈现，其中未知变量（以比率表示）是作为自变量（也以相对形式表示）和相似性准则的函数得出的。相似性准则的数值是一般情况的唯一数量标志，因此，准则相同是具有定量内容的现象相似性的唯一前提条件。这就决定了相似性准则的作用及其在一般关系系统中的地位。任何相似性准则的组合同样是一种相似性准则。

为了说明上述定义相似性准则的方法，可以借用牛顿定律，该定律用如下方程表达两个相似现象：

$$K_1 = m_1 \frac{\mathrm{d}v_1}{\mathrm{d}t_1}$$

$$K_2 = m_2 \frac{\mathrm{d}v_2}{\mathrm{d}t_2}$$

对于两个相似现象，耦合方程可以改写为

$$\sum \varphi_i(a_1', a_2', \cdots, a_n') = 0 \quad (6.10)$$

$$\sum \varphi_i(a_1'', a_2'', \cdots, a_n'') = 0 \quad (6.11)$$

式中，a' 和 a''——第一和第二现象中的对应值。

既然这些现象相似，那么

$$\begin{aligned} a_1'' &= c_1 a_1', \\ a_2'' &= c_2 a_1', \\ &\cdots \\ a_n'' &= c_n a_n' \end{aligned} \quad (6.12)$$

同时，式（6.11）可以通过式（6.10）中包含的量和相似性常数 c_i 表示为

$$\sum \varphi_i(c_1 a_1, c_2 a_2, \cdots, c_n a_n) = 0 \quad (6.13)$$

描述物理现象的方程式必须是完整的。因此，式（6.13）必须以另一种形式重写。

为了让函数 φ_i 从总和中脱离，必须有等式

$$\varphi_1(c_1, c_2, \cdots, c_n) = \varphi_2(c_1, c_2, \cdots, c_n), \cdots = \varphi_i(c_1, c_2, \cdots, c_n)$$

将每个函数除以其中一个，例如除以函数 $\varphi_k(c_1, c_2, \cdots, c_n)$，并表示为

$$\frac{\varphi_1(c_1, c_2, \cdots, c_n)}{\varphi_k(c_1, c_2, \cdots, c_n)} = f_i(c_1, c_2, \cdots, c_n) \quad (6.14)$$

这些函数 f_i 被称为相似性函数。根据式（6.12），它们可以被转换为如下形式：

$$f_i(c_1, c_2, \cdots, c_n) = \frac{F_i(a_1'', a_2'', \cdots, a_n'')}{F_i(a_1', a_2', \cdots, a_n')} = 1$$

因此，

$$F_i(a_1', a_2', \cdots, a_n') = F_i(a_1'', a_2'', \cdots, a_n'')$$

去掉上标得到 a_i，可以用形式更紧凑的公式表达：

$$\Pi_i = F_i(a_1, a_2, \cdots, a_n) = \text{idem} \tag{6.15}$$

式中，idem 在拉丁语中的意思是"相同的"。

无量纲函数也可以称作相似性准则，由式（6.15）表示的结果可以形成所谓的第一相似性定理：在相似现象中，相似性准则具有相同的数值。

可以用相似性函数代替相似性准则，在这种情况下，第一个定理表述如下：在相似现象中，相似性函数等于1。

应当注意，用式（6.12）表示的这种变换在形式上与计量单位的变换是相同的。可以把这种现象的转变称为物质转变，而把量纲的转变称为形式转变，因为在一种情况下，物理量本身发生了变化，而在另一种情况下，只有表示它们的比率发生了变化。这导致相似理论和量纲理论的结论中有许多进一步的类比。

从上述讨论中可以得出结论，在这样的系统中，无论是相似性准则，还是任何无量纲函数都有相同的数值。这里也有一个类似的结论，即只要相似性函数等于1，无量纲量的数值就与采用的单位制无关。

上述例子的无量纲函数如下：

$$\Pi = KT/mv = \text{idem}$$

函数 Π 代表一个相似性准则，其方程式为

$$K = c(mv/T)$$

式中，c——无量纲系数。

对于省略部分的计算，可以用简短的方式设置相似性准则。为此，只需从耦合方程每项所包括数量的符号中提出函数，然后用其中一个函数除以它们。

在建立相似性准则时，可以从平均物理量开始，例如某段的平均速

度或温度。

根据第二相似定理，将所有耦合方程转化为准则形式，或换言之，可以转化为表示相似性准则之间一对一关系的方程。由简单幂函数组成的方程是明显的例子。它们在被简化为无量纲形式后成为准则方程。自然，简化为无量纲形式的微分方程也成为准则方程，否则，在积分环节将改变相似性条件。在此，对形成情况的特性不再赘述。

在制定应用于微分方程的相似性函数时，必须划掉微分的符号，将微分视为有限增量。

针对所有相似性准则中的每个特定情况，待确定的相似性准则均不同于已确定的相似性准则。这些准则在比较系统中的相同性是相似性存在的先决条件。其余准则的相同性源于相似性存在的事实。第二类相似性准则中的每一条都是已确定准则的单值函数。

根据第三相似定理或逆相似定理，将相似性准则分为确定性和非确定性。该定理制定了相似性存在的必要充分条件。应当注意，可以将不同系统中发生的现象划分为不同类别。一类包括由同一方程组描述的现象。这样的方程组决定了整个现象的机制、独立的物体尺寸以及描述该过程发生的介质特性的常数数值等。它们可以应用于某些空间区域和某个时间点。

描述整体类现象的一般方程可以具体适用于单一现象。这就要求在原来的方程组中加入额外的条件，以限制相应的系统形式。这些与现象机制无关的条件被称为单值性条件。

只有当所用方程组的解的存在性和唯一性问题得到解决时，单值性条件才能以严格的数学形式被记录下来。这只是针对个别情况，因此大部分确定准则的推导必须建立在对问题的间接分析上。作为总则，应当指出单值性条件应确定现象的几何特征、物理常数的数值、边界条件和初始条件。因此，在纳入单值性条件的数值中，有 L、v 和

T 的动态现象。单值性条件还可以包括介质的特性以及材料的弹性特性。

对于稳态过程,当初始条件失去意义时,边界条件的影响会随着与系统边界距离的增加而减小。由于耦合方程表示现象的一般机制,所以当包含在单值性条件中量的数值变化时,它们必须保持一致。换句话说,现象的相似性是唯一性条件的相似性的结果。因此,确定准则必须由用来表示这些条件的数值组成。

因此,第三相似定理可以表述为:现象相似性的必要充分条件在于确定相似性准则的数值相等,即由单值性条件数值组成的准则。其他准则的数值相等是相似性存在的结果,这使后者可以被看作确定准则的一个函数。

在对现象的试验研究中,必须用相似性准则关系的形式处理所获结果。这可以使所获数据扩展到所有相似现象。

然而,可能有一些准则不相容。因此,不可能同时满足所有 Π 的条件 $\Pi_i = \mathrm{idem}$。

在类似情况下,无法对现象进行全面仿真。通常在这种条件下,可以在缩小的范围内重现该现象,忽略某些准则的要求,这不会给结果带来明显偏差。这导致仿真现象的不完整或部分相似。由此产生的误差称为尺度效应。有时,即使在原则上从模型推算本质不可能的情况下,也可以使用模型得到在现象定性方面更加清晰地重现过程的外部画面。在这种情况下,相似性条件与现象相互对应。

需要注意在建立相似性准则时的任意性。例如,假设在研究现象时,准则定义为 Π_1,Π_2,Π_3 的形式。可以采用其他函数作为相似性准则,例如 $\Pi_1 x \Pi_2$,Π_2,Π_3 或 Π_1,$\Pi_2 x \Pi_3$,Π_3 等。如果把任何函数提高到任意幂,则事情的本质都不会改变。

问题的解决方案是以无量纲量方程的形式提出的,通过这些方程,要寻求的相对变量被定义为独立相对变量和相似性准则的单值函数,发挥不变参数的作用。

6.2.2 火炮的弹道相似性

火炮的弹道相似性是指在 δ(火药密度)f(火药力)和 α(火药气体余容)相同,Δ(装填密度)也相同的情况下,压力曲线 $p(L_{相对})$ 重合。对于火炮的弹道相似性,相同的数值 Ψ(火药已燃部分的相对体积)将对应相同的 $L_{相对}$(弹丸沿身管的相对行程)。火炮的弹道相似性的主要关系如下:

$$\frac{\varphi q \omega}{d^4 J_k^2} = 常数, \frac{\varphi q V^2}{\omega} = 常数, \frac{V^2 d^4 J_k^2}{\omega^2} = 常数$$

式中,φ——次要功系数;

q——弹丸质量;

ω——装药质量;

V——弹丸速度;

d——口径;

J_k——火药总冲量。

机械相似的火炮是指弹道相似的火炮,其身管在几何上是相似的。几何上相似的火炮是指线性尺寸与口径 $l \sim d$,面积 $F_i(y_i) \sim d^2$,体积 $W_i \sim d^3$ 成正比的火炮。

具有相似装填条件的火炮是指弹丸质量和装药质量与口径的立方成正比($q, \omega \propto d^3$)的火炮。因此,以下定理 1~3 是有效的。

定理 1:对于几何上相似且装药质量相似的火炮,如果弹丸的冲量与口径成正比,则压力和速度与弹丸行程的曲线关系相似:

$$q \sim d^3, \omega \sim d^3 \Rightarrow \omega/q = 常数$$

相似曲线称为只能通过改变比例来对齐的曲线。

定理 2：几何相似且装药质量相似的火炮，相同的 $L_{相对}$ 对应相同的压力和速度。

定理 3：如果同一火炮发射不同质量的弹丸，则这些弹丸的初速与 $\sqrt{\varphi q}$ 成反比：

$$\frac{V_0'}{V_0''} = \sqrt{\frac{\varphi'' q''}{\varphi' q'}}$$

第七章
物 理 仿 真

为了获得所设计战车整体性能的总体参数，在物理模型上进行试验更为适宜。在这种情况下，建立模型时必须了解战车总体的系列计算数据（质量、缓冲质量、缓冲质量的惯性矩、支撑点、外力作用点、外力方向向量等）。

■ 7.1 火炮发射时履带式战车物理模型研究

这里通过一个例子演示在火炮发射时，地面上履带式战车受到后坐阻力作用时的建模过程。履带式战车的一般模型示意如图 7.1 所示。

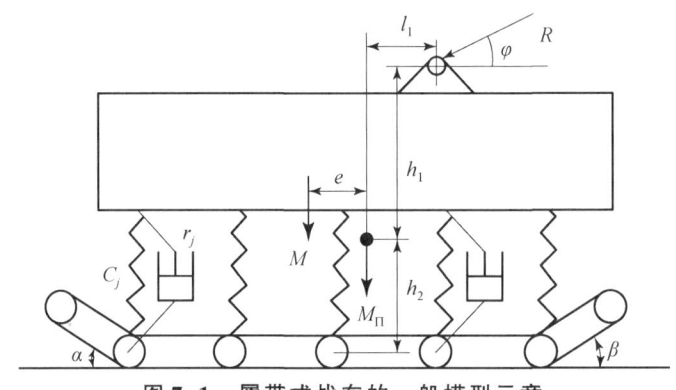

图 7.1 履带式战车的一般模型示意

图 7.1 中的符号含义如下。

M, M_Π——战斗状态下，战车的总质量和缓冲质量。

l_1, h_1 和 h_2——缓冲质心相对于耳轴的位置坐标。

R——射击时换算到耳轴的后坐阻力。

C_j——第 j 个悬架的刚性系数。

r_j——第 j 个悬架的液压阻力（可能为零）。

e——战车的总质心与缓冲质心之间的距离。

α, β, φ——角。

对于质量来说，在物理仿真时，模型参数的选择需要遵循以下原则。

（1）模型主要的、实质尺寸应与需要仿真的战车在几何上相似。

（2）模型和实物仿真过程应采用同样的微分方程描述。

（3）实物和模型的初始条件和边界条件应完全相同。

（4）实物和模型的微分方程中的同名无量纲参数应分别相等。

必须适当选取相似系数 q_{ci}，这些相似系数也称为将各种实物量转换为模型的比例因子（或将模型转换为各种实物量的比例因子）。

将线性尺寸相似度作为基准相似系数是最为合理的：

$$l_c = \frac{l_{im}}{l_{in}} \tag{7.1}$$

式中，l_{in} 和 l_{im}——实物和模型的尺寸。

接下来确定其他值的相似系数。

$$m_c = \frac{M_m}{M_n} = \frac{\rho_m W_m}{\rho_n W_n}, \ m_c = \frac{M_m}{M_n} = \frac{\rho_m W_m}{\rho_n W_n} \tag{7.2}$$

由于模型和实物的材料密度通常相等（$\rho_m \approx \rho_n$），而模型体积 W_m 和实物体积 W_n 与线性尺寸的立方成比例，即

$$m_c = l_c^3 \tag{7.3}$$

由于实物和模型处于同一引力场中（$g_m = g_n = g$），那么力的相似系

数(G, R, F, r 等)为

$$g_c = \frac{G_m}{G_n} = \frac{gM_m}{gM_n} = l_c^3, \ g_c = \frac{G_m}{G_n} = \frac{gM_m}{gM_n} = l_c^3 \quad (7.4)$$

同样，可以得出惯性矩的相似系数：

$$j_c = \frac{J_m}{J_n} = \frac{l_m^2 M_m}{l_n^2 M_n} = l_c^3 l_c^2 = l_c^5 \quad (7.5)$$

悬架刚度的相似系数：

$$C_c = \frac{C_m}{C_n} = \frac{F_m}{h_m} \div \frac{F_n}{h_n} = l_c^3 \div l_c = l_c^2 \quad (7.6)$$

式中，F_m, F_n——作用在模型和实物滚子上的力。

力的量纲可记为 $[G] = [m][a]$，即

$$\frac{G_c}{m_c} = a_c = 1 \quad (7.7)$$

加速度的量纲是 $[L]/[t]^2$，由此可得

$$a_c = 1 = \frac{l_c}{t_c^2} \quad (7.8)$$

那么，时间相似系数为

$$t_c = \sqrt{l_c} \quad (7.9)$$

可以进一步得到下列相似系数。

（1）线速度的相似系数：

$$V_c = \frac{l_c}{t_c} = \sqrt{l_c} \quad (7.10)$$

（2）液压装置中阻力系数的相似系数（$r = KV$ 时）：

$$K_c = \frac{r_c}{V_c} = \frac{l_c^3}{\sqrt{l_c}} = l_c^2 \sqrt{l_c} \quad (7.11)$$

通常认为

$$\varphi_c = \frac{\varphi_m}{\varphi_n} = 1 \quad (7.12)$$

于是得到下列相似系数。

（1）角速度的相似系数（当 $\dot{\varphi} = \mathrm{d}\varphi/\mathrm{d}t$ 时）：

$$\omega_c = \frac{1}{t_c} = \frac{1}{\sqrt{l_c}} \qquad (7.13)$$

（2）角加速度的相似系数（当 $\ddot{\varphi} = \mathrm{d}^2\varphi/\mathrm{d}t^2$ 时）：

$$\dot{\omega}_c = \frac{1}{t_c^2} = \frac{1}{l_c} \qquad (7.14)$$

以这种方式获得的相似系数可以用于设计模型来代替实物，从而研究战车性能。模型的参数固定值（例如位移、速度、力等）很容易被折合到实物样机上。

俄罗斯 2A44 型"芍药"203 mm 自行火炮仿真即物理模型研究的一个例证。

为了检查发射时火炮的动态特性，选择在地面上支撑火炮的方案，制作两个比例模型：一个弹道射击相似（图 7.2），另一个（图 7.3）

图 7.2 在具有弹道相似射击条件下的"芍药"自行火炮物理模型

图7.3 在来自弹簧的冲击载荷（与射击时的脉冲数值相似）
作用下的"芍药"自行火炮物理模型

具有来自弹簧的冲击载荷（与射击时的脉冲数值相似）。模型试验能够确定射击时火炮的位移参数、作用过载，并可以选择带有下沉式起落架和带有推土式倾角驻锄的自行火炮支撑方案。俄罗斯在其2A65型"姆斯塔-Б"牵引式榴弹炮模型上也进行了类似的研究工作。

7.2 全尺寸模型和半实物样机的研究

传统工程分析法时常应用于火炮设计实践，以获得最佳技术方案，因此关于其功能的信息必须准确可信，而这种信息是无法通过数学或物理仿真获得的。这是因为在进行因子分析时，难以快速准确地识别系统的现有变量，并且为了保证所需结果的准确性，随着变量数量的增加，组合变量的数量将急剧增加。必须推动所选现有变量的方法，找出影响响应的最重要的变量，而在大多数情况下，如果不获得试验数据，这个问题是无法解决的。

可以通过开发全尺寸模型和半实物样机来减少用于技术决策的未知变量（例如作用力等因素、产品单个元件的刚度和惯性、外部环境的影响等)。对于火炮来说，当大部分因素与所研究系统的相似系数等于1，而这些因素的水平各不相同时，产品的台架研究应属于全尺寸仿真的范畴。

在试验台架上，对单个结构元件和整个火炮的功能过程进行仿真的例子如下。

(1) 在自由后坐试验台架上的炮口制退器研究。

(2) 在人工后坐试验台架上的驻退机、炮闩和装弹机研究。

(3) 在光学模型上的最大负载零配件强度研究。

(4) 在专用试验台架上的身管热状态、火炮材料和配件的装甲强度、配件和组件的承载力与固有强度，以及火炮系统和其他工作条件下操纵仪器设备功能等方面的研究。

为了更详细地研究产品结构元件的功能过程，选取最优技术方案，其措施包括：执行方案检查，从早期设计阶段即开始合理地进行武器和军事技术样机台架研究，之后就可以更加详细地考虑火炮系统、火炮组件和机构的台架试验研究问题。

在响应（输出参数）方面与所研究火炮系统完全相同的模型属于半实物样机。其包括弹道装置和喷射装置（图 7.4 ~ 图 7.6）。

图 7.4　联盟 – SV 型 152 mm 弹道炮试验装置

图 7.5 МП–10 型 406 mm 弹道炮试验装置

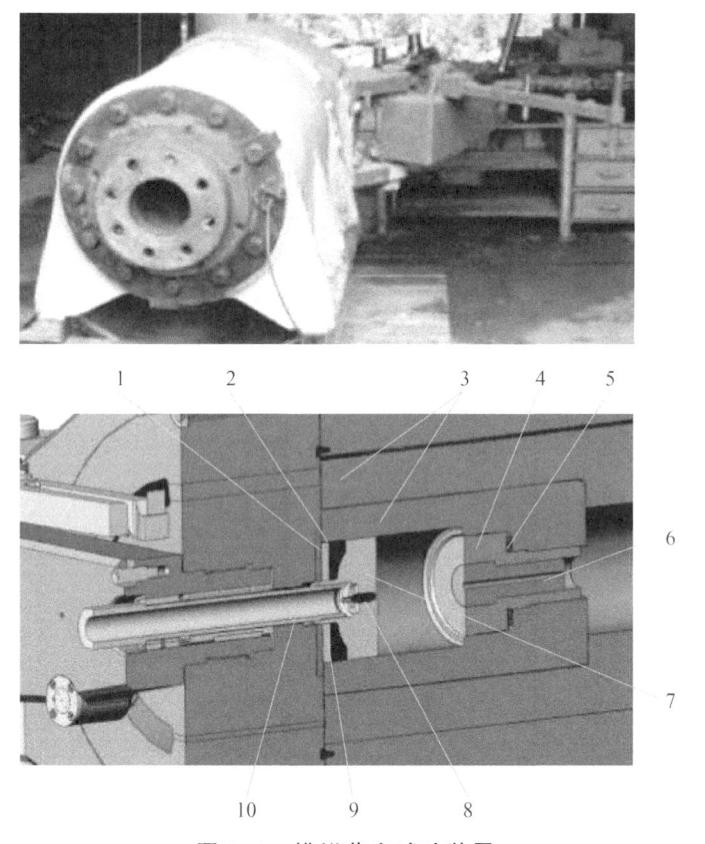

图 7.6 模拟药室试验装置

1—火炮门体圆盘；2—柱形紧塞具；3—炮身活动衬管；4—套箍；5—铜垫片；
6—喷嘴套管；7—蘑菇头；8—压力传感器；9—垫盘；10—击针

对所采用的弹道方案、火炮和弹药发射装药的性能，包括着靶和靶场各项性能等方面的正确性，进行试验验证是在弹道炮试验装置上开展工作的主要任务。

喷射试验装置主要用于确定火炮发射装药及其元件的内弹道性能参数。

在实际应用中，通过半实物样机和全尺寸模型相结合，可以对特定火炮组件（带有制退器和抽气装置的身管、闩体、反后坐装置等）进行设计研究。例如，在"芍药"自行火炮的"BR-670"弹道炮试验装置上，用于弹道方案和弹药，以及反后坐装置、高低与水平瞄准机、电驱动螺式炮闩等研究的火炮部分已由制式组件制成。为了考核炮尾的强度，用光学材料制造它的模型，并通过在压力机上加载固定应力载荷和用偏光法对危险位置进行校核。

此外，在火炮研制中还会用到一系列试验台架，用于针对火炮元件进行试验和研究，具体如下。

(1) 长药室中药包装药点火装置。

(2) 身管通道吹气系统。

(3) 螺式炮闩驱动装置。

(4) 具有复杂外形的上架（保证在指定危险位置的载荷加载）。

(5) 各类模拟药室装置。

7.3 试验台架上的火炮装置研究——人工后坐

根据火炮系统研制方面的丰富经验可以得出结论：除了内弹道和外弹道问题外，在火炮研究中，必须获得火炮后坐—复进过程中构件与装置工作的大量试验数据。因此，从虚拟模型、试验样机及系列样机的试验，到使用条件下技术装备的质量检查机制，即火炮研究的所有阶段，火炮后坐—复进过程均可以用人工后坐的形式再现。

在车间条件下，通常使用"人工后坐试验台架"开展火炮研究，这样能够再现由考虑沿后坐长拖动身管的反后坐装置虚拟和数学模型获得的后坐部分运动参数范围，表征火炮发射所携带弹药的最大和最小作用效果。在试验台架上仿真火炮后坐—复进过程时，遵循采用后坐部分运动惯性质量参数等于 1 的相似性准则，而将加载系统的力参数人为设定为火炮发射时的有效载荷。后者的复杂性体现在火炮发射时的后坐质量和火炮机构工作的运动参数与人工后坐试验台架上的运动参数不一致。

此处注意，所有反后坐装置计算数学模型均基于反后坐装置活塞杆的往复运动过程中液体流动非间断（即连续性）假设。

节制杆型驻退机（图 7.7）的特点如下：在复进时，驻退机活塞只在活塞杆从驻退机缸体中退出并形成真空抽出的一瞬间开始将液体从活塞后缓冲腔排入活塞前缓冲腔。在复进时，该真空被选择为某个复进长 ρ：

$$\rho = \lambda \frac{D_T^2 - d_T^2}{D_T^2} \tag{7.15}$$

式中，λ——后坐长；

D_T——活塞直径；

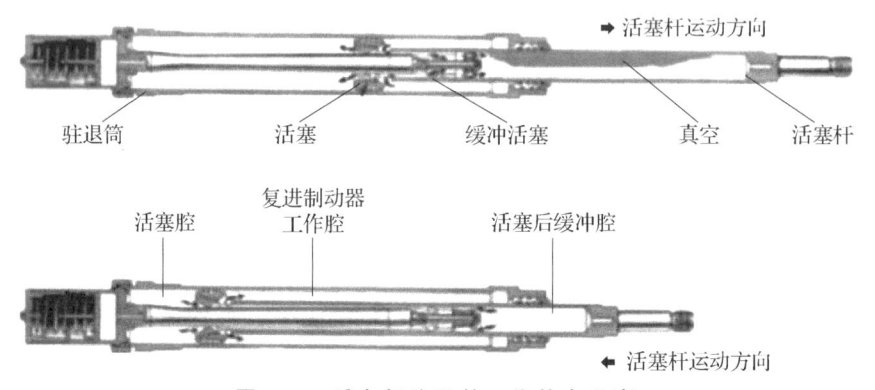

d_T——活塞杆直径。

图 7.7　后坐部分及其工作状态示意

在研究反后坐装置的工作时存在这样的情况：当驻退机中的液体冷却时，复进制动器仅在复进末端开始工作。因此，在活塞腔中液体压强增加，导致出现显著复进阻力。除此以外，当驻退机中的液体冷却时，复进时间急剧延长（延长 20~30 s）。因此，在复进不足时，必须进行下一次射击。

射击或人工后坐时，复进制动器工作不理想的原因如下：在火炮后坐过程中，活塞腔充填液量不足。对于制式火炮来说，这种情况是复进制动器存在缺陷和工作液量不足（低温下其黏度会急剧增加）引起的。

在驻退机设计图中，可以完全充满可压缩液体，液体流动稳定。在火炮后坐时，来自复进制动器工作腔的液体向两个方向流动：活塞腔（主要流动）和活塞后缓冲腔（辅助流动）。此时液体从驻退机缸体向活塞前缓冲腔流动时压力降为零（图 7.8）。

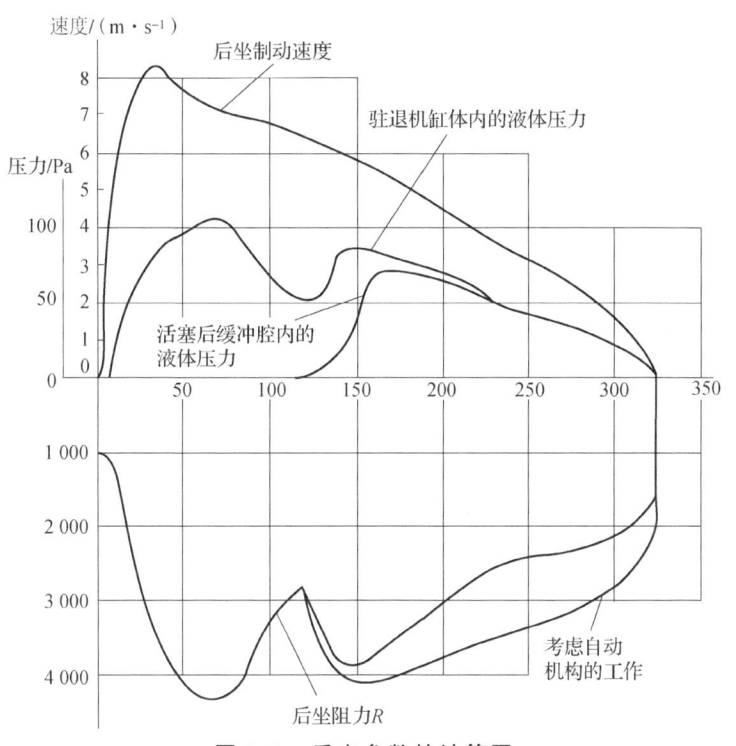

图 7.8 后坐参数的计算图

基于连续方程（伯努利流体力学理论），考虑到液体的可压缩性和缸体内的弹性变形，复进制动器工作腔内压力 p 的方程为以下形式：

$$p = \frac{K_1 \gamma}{2g} - \frac{(A_0 - A_p)^2}{a_x^2} V^2 - \frac{K_2 \gamma}{2g} \left(\frac{A_i}{\Omega_1}\right)^2 V^2 \qquad (7.16)$$

式中，V——液体的体积，该液体指流入活塞后缓冲腔，用于充满活塞杆从驻退机中抽出形成的真空。

当驻退机后坐长为 λ 时，该部分液体体积为

$$V = \{\pi(D_T - d_T)^2 \lambda\}/4 \qquad (7.17)$$

式中，V——真空部分的体积；

λ——后坐长；

d_T——活塞杆直径；

D_T——活塞直径。

人工后坐时，由于后坐速度较高，所以流入缓冲腔和复进制动器工作腔的液体传导率（σ_1 和 σ_2）相差较大，因此，在后坐状态下，复进制动器工作腔内的真空无法被填满，进而造成复进不到位，这导致模型与实物不符。

需要在后坐-复进虚拟仿真时考虑这种不符的情况，例如，使用流体仿真软件时，需要考虑传热、液压以及气体动力学过程——湍流（$k-e$、$k-e$ 的二次方、$k-e$ 低雷诺数湍流、SST、SA、LES、近壁湍流）、液体和气体多相流动、间隙模型等。然而，这样的模型需要借助巨型计算机，并需要进行射击试验，对包含后坐—复进过程的微积分方程组中的所有要素和响应进行测试。

因此，可以通过引入复进制动器工作腔中液体的压缩体积 q 的概念来细化数学模型，同时考虑这一标志，如果 $q < 0$，则工作腔中存在真空。

众所周知，液体的压缩体积系数为

$$\beta_ъ = \frac{1}{E_ъ} \tag{7.18}$$

若考虑压力 p 的影响，则有

$$-\frac{dv}{v} \cdot \frac{1}{dp} = \beta_ъ$$

式中，dV——体积的变化，且

$$dp = -E_ъ \frac{dv}{v} \tag{7.19}$$

式（7.19）的两边同时除以 dt，则

$$\frac{dp}{dt} = -\frac{E_ъ}{v} \cdot \frac{dv}{dt} \tag{7.20}$$

式中，$v = v_0 \pm Ax$；$v = dx/dt$。

对于复进制动器工作腔，有

$$\frac{dp}{dt} = \frac{E_ъ}{v_0 - Ax}\left(\frac{d(v-Ax)}{dt} - \sigma_1\sqrt{p-p_1} - \sigma_2\sqrt{p-p_2}\right) \tag{7.21}$$

若考虑可能出现的真空，则

$$\frac{dp}{dt} = \frac{E_ъ}{v_0 - Ax}(Av - \sigma_1\sqrt{p-p_1} - \sigma_2\sqrt{p-p_2})\frac{(1+\text{sign}q)}{2} \tag{7.22}$$

$$\frac{dq}{dt} = Av - \sigma_1\sqrt{p-p_1} - \sigma_2\sqrt{p-p_2} \frac{dq}{dt} = A - \sigma_1\sqrt{p-p_1} - \sigma_2\sqrt{p-p_2}$$

$$\tag{7.23}$$

对于活塞缓冲腔，有

$$\frac{dp_1}{dt} = \frac{E_ъ}{v_{01} - A_mHx}(\sigma_1\sqrt{p-p_1} - A_mHv)\frac{(1+\text{sign}q_1)}{2} \tag{7.24}$$

$$\frac{dq_1}{dt} = \sigma_1\sqrt{p-p_1} - A_mHv \tag{7.25}$$

对于活塞腔，有

$$\frac{dp_2}{dt} = \frac{E_ъ}{V_{02} - \pi(D^2-\delta^2)x/4}(\sigma_2\sqrt{p-p_2} - \pi(D^2-\delta^2)v/4)\frac{(1+\text{sign}q_2)}{2}$$

$$\tag{7.26}$$

$$\frac{\mathrm{d}q_2}{\mathrm{d}t} = \sigma_2\sqrt{p-p_2} - \frac{\pi}{4}(D^2-\delta^2)v \quad \frac{\mathrm{d}q_2}{\mathrm{d}t} = \sigma_2\sqrt{p-p_2} - \pi(D^2-\delta^2)v/4$$

(7.27)

将式（7.22）～式（7.27）代入数学模型的一般微分方程组，针对在人工后坐试验台架上研究火炮时，可能需要考虑活塞缓冲腔内真空的形成。在以上方程中，流入活塞缓冲腔和复进制动器工作腔的液体传导率 σ_1 和 σ_2 能够根据 3 个参数的试验测量结果确定，即路径函数、后坐—复进速度、复进制动器工作腔内的实时压力（图 7.8）。

为了针对确定数学模型微分方程中液体传导率数值的方法进行研究，人们曾在人工后坐试验台架上进行试验，试验的目标是确定不同负载条件下真空排除路径的差别。使用模块化板卡式测量系统和单极测速仪完成试验过程的典型记录。在处理测量结果时，只研究速度达到最大值的复进区域，因为这时会在活塞腔和活塞缓冲腔同时抽真空。而在理论上，此时活塞缓冲腔处于被完全充满的状态。

从图 7.9 可以看出，波动变化特点影响人工复进条件下运动部件接下来的运动。

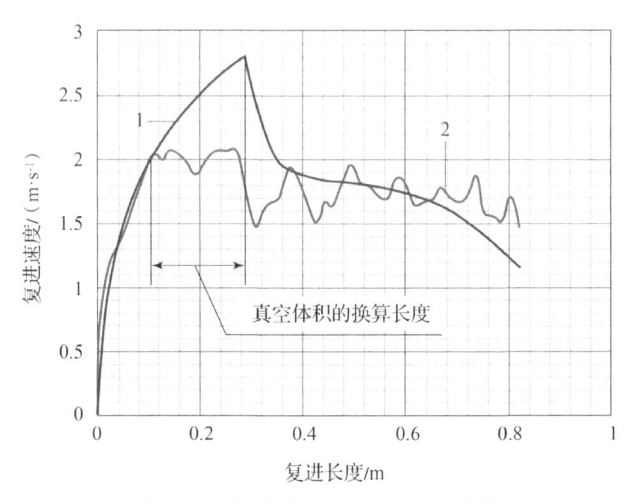

图 7.9 复进时函数 $v = f(\lambda)$ 曲线

1—理论计算数据；2—试验台架数据

首先确定复进时抽真空时段内的位移段（将抽真空视为确定复进速度随行程的函数 $v = f(\lambda)$ 的转折点）。理论计算出的达到抽出真空点的复进长度比试验台架的试验结果要大。

研究区域属于达到极值的阶段，即在相同的初始条件下，比较数学模型和借助人工后坐试验台架获得的最大复进速度时的复进长度。

活塞缓冲腔内未被充满的空间体积等于达到最大速度 Δ 时，复进长度的差乘以针对所研究火炮活塞杆的直径为 d 为 64 mm 时的内端面积。

$$V = \Delta \frac{\pi d^2}{4} = (\lambda_{理论} - \lambda_x) \cdot \pi \cdot 105\,625 = \left(\int_0^t v_{理论} f(t) \mathrm{d}t - \int_o^{t_x} v_x f(t_x) \mathrm{d}t \right) \frac{\pi d^2}{4} V$$

（7.28）

对于后坐长度为 550 m，仰角为 0° 的初始条件，有

$$\lambda_{550} = 0.133 \text{ m}, \lambda_{r550} = 0.182 \text{ m}$$

$$\Delta_{550} = \lambda_{r550} - \lambda_{550} = 0.048\,5 \text{ m}$$

$$V = \Delta \cdot \frac{\pi d^2}{4} \cdot 1\,000 = 0.156 \text{ L}$$

这里得出的射击时活塞缓冲腔内的真空体积不超过 0.156 L，说明在驻退机缸体内存在空气与测量误差，该值可当作计算模型是否满足活塞缓冲腔空间充满条件的质量评估准则。

同理，可以分析得出，在不同的初始条件下使用人工后坐试验台架试验时的真空体积，计算结果如表 7.1 所示。

表 7.1 活塞缓冲腔内空间未充满体积的计算结果

后坐长度/mm	真空体积折算长度/mm	试验真空体积/L	理论真空体积/L	试验未充满体积/L	理论未充满体积/L	试验中活塞缓冲腔空间充满率/%
358	0	0.388 2	0.388 2	1.799 504	0.611 55	100
369	0	0.404 8	0.438 0	1.854 796	0.630 341	92.4
400	34.5	0.365 0	0.434 6	2.010 619	0.683 296	84.0

续表

后坐长度/mm	真空体积折算长度/mm	试验真空体积/L	理论真空体积/L	试验未充满体积/L	理论未充满体积/L	试验中活塞缓冲腔空间充满率/%
550	49	0.441 3	0.603 9	2.764 602	0.939 533	73.1
560	103.3	0.428 0	0.607	2.814 867	0.956 615	70.5
820	143.9	0.477 8	0.955 6	4.121 77	1.400 758	50.0

这样可以得出结论：在人工后坐试验台架上试验时，需要关注处理活塞缓冲腔空间未充满的情况。

在人工后坐条件下，模型与实物之间的差异体现为复进机内的实时压力。在计算气动复进压力时，假设压力呈现多变过程：

$$pW^k = 常数 \tag{7.29}$$

式中，p,W——实时压力和复进机内气体体积；

k——多变指数，$k = 1.2 \sim 1.4$。

然而，对于气体式（液压气动式）复进机，人工后坐期间的多变指数可能与射击时的标准工作条件有很大不同，取决于采用人工后坐机构拉动身管的速度，多变指数一般在 1.05～1.1 的范围内变化。这需要确定火炮在人工后坐试验台架上的实际性能参数。

由于反后坐装置的物理模型与实际工作条件之间存在差异，后坐部分理论运动参数与在试验台架上获得的参数的符合问题很复杂。其中逼近实际过程的方法之一是提高复进机的初始压力，但是，该方法仅在某几个复进点可以使后坐部分运动速度吻合。

所有这一切都需要在试验台架的载荷系统中引入一个人工后坐液压装置（图 7.10、图 7.11），该装置确保了在所研究火炮系统的所有工作阶段内，计算和试验所得出的复进速度与时间关系式完全吻合。

图 7.10　通用可调式人工后坐试验台架

该结构作为人工后坐附属设备的基础，包含在多型火炮的备附件中，其中，动力源为液压泵，用于向气体式复进机的密封活塞前缓冲腔内注入工作液。

在设计试验台架和进行试验时，按照反后坐装置的经典计算方法进行复进速度的选择，通过人工后坐装置所需传输率的排液管线——导管、调节孔以及单向阀，考虑复进制动。为了仿真后坐部分运动参数的全部范围，取复进机中初始气压的两个值分别进行试验。初始压力 p_1 按以下条件选取：人工后坐时，在阀门完全打开的情况下，确保最高复进速度，并与制式火炮的机构初始工作相符。选取复进机的初始压力 p_2 时，考虑单向阀的调整，以确保最低复进速度。

在复进状态下，在后坐部分接触调节杆之前，工作面积等于复进机活塞面积，而当后坐部分接触调节杆之后，工作面积则增大至调节器活塞面积。

由复进机至水槽的管线总传导率为

$$\sigma_{总} = \mu \cdot S \cdot \sqrt{\frac{2}{\rho_{液}}} = S \cdot \sqrt{\frac{2}{k \cdot \rho_{液}}} \tag{7.30}$$

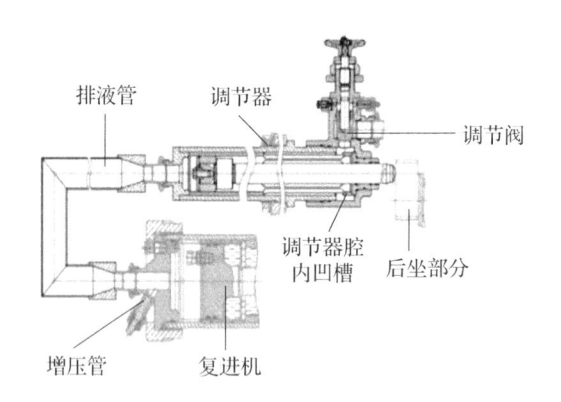

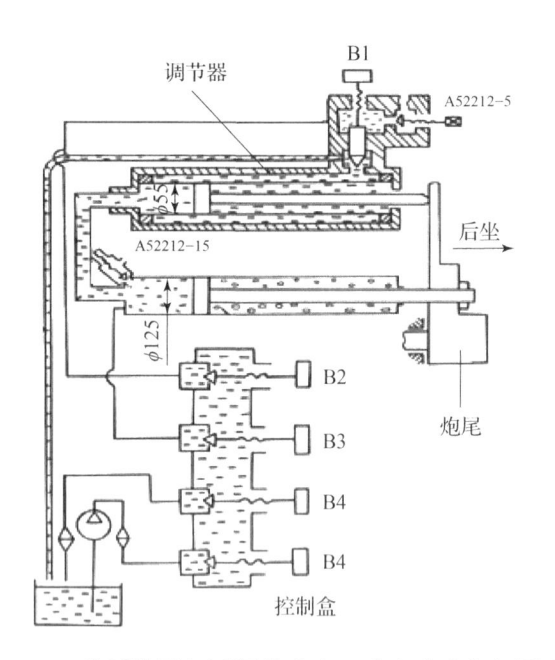

图 7.11　液压装置与可调节式人工后坐试验台架原理示意

式中，S——流动面积（cm^2）；

　　　k——复进时液体流动阻力系数；

　　　$\rho_{液}$——液体密度。

根据试验台架的总传导率，可获知流动面积为

$$S = \sigma_{总} / \sqrt{\frac{2}{k \cdot \rho_{液}}} \tag{7.31}$$

在复进过程中，在后坐部分与调节杆接触之前，工作面积 A_H 等于复进机活塞面积，而在后坐部分与调节杆接触之后，工作面积增加为调节器活塞面积 A_P。因此，为了不改变复进过程的数学模型中的工作面积，需要在复进长度 L_1 上将凹槽面积缩小为原来的 $1/n$。

$$n = \frac{A_H + A_P}{A_H} \qquad (7.32)$$

在火炮机构工作阶段，复进速度与时间的典型关系曲线如图 7.12 所示。

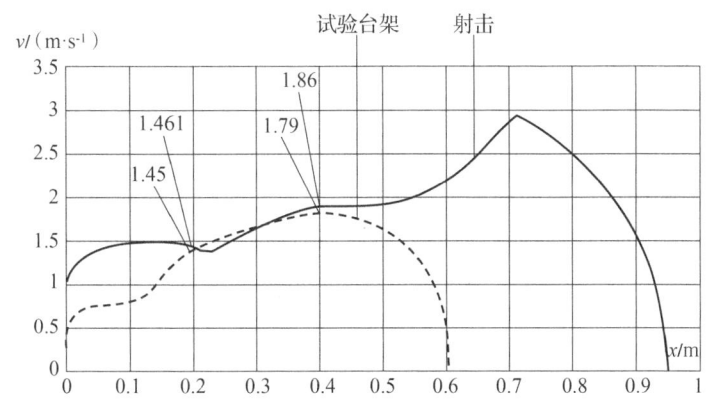

图 7.12 用于试验台架设计的复进速度与时间的典型关系曲线

图 7.11 所示的液压装置的工作过程如下。在液压泵加压下液体流入复进机活塞前缓冲腔，同时打开阀门 B2、B3、B5。当身管后坐达到所需长度值 L 时，关闭液压泵，此时关闭阀门 B3，打开阀门 B4，进行身管复进。液体会沿着导管由复进机活塞前缓冲腔流入调节器活塞前缓冲腔，然后沿着调节器腔内凹槽，穿过单向阀和导管流入储液箱。这时依靠调节器腔内凹槽和单向阀过流截面的调节可阻滞复进。

图 7.11 所示装置的基本原理在火炮装备、人工后坐试验台架上均有应用，该装置将柔性连接作为牵引后坐部分的动力件，并通过分离结构和金属杆与炮尾连接固定。

在所有其他条件相同的情况下，该结构需要保证留出相当大的空间,以在最大仰角条件下安置动力驱动装置。在后坐—复进过程中,该空间以托架受力结构的形态出现,可满足承受载荷和消除试验台架前冲量的要求。

使用本项研究提供的装置原理图可减少 7 000 多 kg 的试验台架质量,消除在试验准备、样机试验及批量生产准备等阶段的昂贵建设工程,这样一来,装置质量为 290 kg(图 7.13)。作用于火炮后坐部分的动力单元为推进式液压缸,这在某种程度上使装置复杂化,但保证了现有和依托试验台架所研究的未来型样机试验的统一性,提升了承载系统的可靠性,简化了承载系统的可维修性。

图 7.13 人工后坐牵引装置与推进装置的对比

(a) 人工后坐牵引装置;(b) 推进装置

第八章 射击试验

8.1 试验测试系统的组成

在产品开发的各阶段（包括研发阶段），都要进行台架冲击射击试验，不仅要对产品进行整体试验，还要对其单独的结构部件和组件进行试验。在进行射击试验时，应确保试验条件尽可能地接近射击工况对所研究对象的真实作用。在试验之前，要仔细分析火炮或其他试验对象在实际使用条件下的荷载分布情况。在这些数据的基础上，制定产品的试验方法，其中应包括以下内容。

（1）说明试验目的。

（2）明确冲击作用再现条件（瞄准角、环境作用因素）。

（3）明确冲击作用重复性（射击类型、温度和装药量）要求，以及射击试验台架、监测仪器设备、工作安全性及其他特殊试验要求，并根据试验结果说明在给定条件下最能描述产品性能的准则。

在试验中，针对不同弹药性能条件快速实施大容量试验测试，这需要建立一个试验测试系统，其中应包括以下内容。

（1）进行射击试验台架或火炮炮位布置（图8.1）。

图 8.1 试验场的发射阵地

（2）弹药储存、装配及保温的舱室和设备。

（3）设置带有靶场射击区的弹道靶道、雷达站及高精度计时器，用于测试弹丸轨迹和弹丸速度。

（4）观察弹药与目标的作用、装配平台、靶标和目标区。

（5）设置用于模拟火炮和弹药极端环境的高温室和低温室。

（6）设置用于测试身管膛压、驻退复进压力及冲击波阵面压力，以及部件和零件的实时速度与加速度的设备；设置用于测试结构部件受力和应力的多通道应变仪。

（7）设置摄影仪和高速摄像机。

如果在靶场条件下不能以规定的高角进行弹药发射，则采用液压发射试验方法来模拟再现冲击作用。这需要保证身管膛压和反后坐装置的载荷与正常射击条件一致。液压发射试验方法需要根据靶场条件、火力发射系统来制定，且必须与订购方达成共识。

需要注意的是，就有效信息量而言，射击试验可能不如台架试验。其原因较为复杂，而且通常在发射过程中，不可能在整个变化范围内对作用于研究对象的影响因素进行调节。例如，某型"装填机"模拟训练器（图8.2）作为某自行榴弹炮装填机全尺寸模型，在初步试验阶段的装填试验量达到 1 万次，由此可以确定该自行榴弹炮装填机的使用寿命，且最大限度地提升了模拟训练器和该自行榴弹炮的可靠性。

图 8.2　某型"装填机"模拟训练器

由以上内容可知，为了减少射击试验的工作量，以及在各生命周期阶段后续使用中获取尽可能多的信息，射击试验是火炮系统研究与质量监控中最耗费资金且最复杂的方法，火炮系统及其部件性能的典型模型应在试验台架和模拟训练器上进行研究。

8.2　火炮弹药射击试验

完成火力歼灭敌方任务的有效性一方面取决于弹药作用于目标的威力，另一方面取决于该弹药偏离目标中心的距离，也就是取决于射击精度，而射击精度取决于射击密集度和射击准确度。

射击准确度是指射击炸点散布中心（或者说散布椭圆中心）与目标的重合特性。射击准确度取决于瞄准装置、射击控制系统的精度，以及射手的技能、火炮乘员工作的精确性和协调一致性等。这些因素将在后文讨论。

射击密集度是指火炮系统射击一组弹药在小面积内的落弹能力。这个区域具有椭圆形状,椭圆面积越小,炮弹散布越小,射击密集度越高,需要用于毁伤目标的弹药就越少。弹药散布是有限的、不均匀的且对称的。在实践中,射击密集度通过射程的平均偏差比来评估(目标位于水平面)。

8.2.1 射击密集度

影响射击密集度的主要因素包括弹药和身管内膛的试制精度、弹丸在身管内膛中的定心所引起的起始扰动(发射角度、章动角度和角速度)、身管刚度和振动、身管磨损、射击时火炮的稳定性、是否具有炮口制退器、不同的装填条件、发射装药的温度和湿度变化、风力和大气压力的变化等。这些因素结合在一起导致了技术上的弹药散布。技术上的弹药散布的成因有以下几点。

r_{v0}——由于发射装药的质量、化学性质、装填密度等变化导致的初速的偏差(公算偏差)。

r_φ, r_θ——在垂直平面和水平平面上发射角度的偏差(公算偏差)。

r_c——弹药弹道系数的偏差(公算偏差)。

r_z——偏流偏差(公算偏差)。

技术上的弹药散布(密集度)按以下公式进行计算:

$$E_\sigma = x\sqrt{r_\varphi^2 + (0.01 r_z z)^2} \tag{8.1}$$

$$E_x = \sqrt{\left(\frac{\partial x}{\partial c} r_c\right)^2 + \left(\frac{\partial x}{\partial v_0} r_v\right)^2 + \left(\frac{\partial x}{\partial \varphi} r_\varphi\right)^2} \tag{8.2}$$

式中,E_σ, E_x——侧向和射程方向的中间偏差;

z——偏流(密位);

x——目标射程(m);

$\partial x/\partial v_0$——初速变化1%时的射程偏差;

$\partial x/\partial c$——弹道系数改变1%时的射程偏差;

$\partial x/\partial \varphi$——发射角变化 1 个量角器分划单位时的射程偏差,当以最大射程射击时 $\partial x/\partial \varphi = 0$,量角器分划单位也被称为密位,用 0 – 01 表示,它等于 3.6′ 或 0.06° 或 1.047 毫弧度 (2π/6 000·1 000)。

一个大量角器分划单位包含 100 个小量角器分划单位,表示为 1 – 00,等于 6°。计算始点是 30 – 00 (180°)。全圆是 360 度或 2π 弧度或 6 280 毫弧度。

北约武装部队中也有类似的测试角度的单位,但定义为圆的 1/6 400,它被称为 mil (毫弧度的缩写)。

在美国圆周被分为 6 400 份,1 份等于 0.981 75 毫弧度 (2π/6 400·1 000) 或 1 密位。在法国圆周被分为 6 300 份,1 份等于 0.997 33 毫弧度 (2π/6 300·1 000) 或 1.015 9 密位 (6 400/6 300)。在德国圆周被分为 6 280 份,1 份等于 1 毫弧度或 1.019 1 密位 (6 400/6 280)。因此,1 密位等于 1.067 毫弧度 (6 400/6 000)。

在现代身管火炮中:$E_x/x = 1/250 \sim 1/500$;$E_\sigma/x = 1/300 \sim 1/2\,000$。

根据典型火炮射表,公算偏差有以下扰动值:

$r_c = 0.25\%$;$r_{v0} = 0.2\%$;$r_\varphi = r_\theta = 0.3\,\mathrm{mil}$;$r_z = 1.7\%$

例 8.1 针对弹丸初速 $v_0 = 900$ m/s 和射程 $x = 30\,000$ m,计算射程偏差值 $B_\mathrm{д}$。

由典型火炮射表可知,$\partial x/\partial v_0 = 223$ m ÷ 1% v_0;$\partial x/\partial c = 54$ m ÷ 1% s;$\partial x/\partial \varphi = 0$。

对于现代火炮,$r_{v0} = 1.5$ m/s;对于高精度弹丸,$r_c = 0.2$。因此,$E_x = 92.5$ m 或 $E_x/x = 1/308$。

8.2.2 影响射击密集度的主要因素

弹药散布在很大程度上取决于火炮结构,稍后进行讨论。

当以最大射程射击时,决定杀伤爆破弹与火炮系统射击密集度的主要特征之一是弹药弹道系数偏差 r_c。因此，了解这些值及其可能的极限偏差具有重要的实际意义。

为此，针对不同口径火炮系统以最大射程射击的常规杀伤爆破弹的射击密集度监控试验进行长期统计分析，见表 8.1。

表 8.1 火炮系统杀爆弹射击密集度监控试验结果

弹药口径 d/mm	弹药弹道系数偏差 r_c	初始射弹速度 $v_0/(\text{m}\cdot\text{s}^{-1})$
100	0.67	900
122	0.72	690
130	0.47	930
152	0.46	945
203	0.34	960

该分析是基于俄制火炮武器所配备的 5 种最常见的制式杀伤爆破弹的监控试验结果，数据较全，有利于进行系统性分析。表 8.1 列出了弹药的基本数据。每型杀伤爆破弹都使用了针对给定试验类型，通过专门固定身管进行发射而获得的 40~50 组（每组 7 发）的监控试验结果。

通过求解外弹道方程得到技术上的弹药散布与扰动和中段弹道偏差的关系分析表明，在 2 km 以内的射程中，技术上的弹药散布的主要是由初始扰动引起的；在 2 km 以上的射程中，技术上的弹药散布主要由炮口速度偏差和弹药弹道系数偏差 r_c 引起。因此，当杀伤爆破弹在 5 000 m 范围内以 250 m/s 的炮口速度发射时，技术上的弹药散布为 $V_d = \pm 23$ m。在这种情况下，91% 是由可能的 $r_{v0} = 0.25$ m/s 的炮口速度偏差造成的。

对于这种炮口速度偏差对技术上的弹药散布的影响，需要说明原因，并找到减小散布的合理方法。

炮口速度偏差由中间偏差值决定，其公式如下：

$$r_{v0} = \rho \cdot \sigma_{v0} \tag{8.3}$$

式中，σ_{v0}——初速均方差；

ρ——值为 0.674 5。

$$\sigma_{v0} = \sqrt{\sum_{i=1}^{N} \sigma_{vi}^2} \tag{8.4}$$

式中，$\sigma_{vi} = \Delta_{vi}/U_{\alpha i}$——某个参数 α_i 的变化引起的初速均方差，$U_{\alpha i}$ 为随机偏差 Δ_{vi} 与某个参数 α_i 的分布规律分位数；

N——影响炮口速度偏差的初始参数数量；

i——参数编号。

随机偏差对应某个参数 α_i 的偏差 $\Delta_{\alpha i}$ 的最大允许值，由下式确定：

$$\Delta_{vi} = v_{\text{ном}} k_{vi} \tag{8.5}$$

式中，$v_{\text{ном}}$——炮口速度额定值；

k_{vi}——速度对参数值偏差的敏感系数，它由以下公式确定：

$$k_{vi} = (\Delta_{vi}/v_i)/(\Delta_{\alpha i}/\alpha_i) \tag{8.6}$$

式中，Δ_{vi}/v_i——随机相对偏差；

$\Delta_{\alpha i}/\alpha_i$——参数相对偏差。

由式（8.6）可知，减小炮口速度偏差的可能性方法如下。

（1）减少系统发射参数数量 N。这种方法需要从根本上控制发射装置的结构方案，因此，在选择方案的初始设计阶段就可以应用，例如引入微波点燃发射装药。

（2）减小系统发射参数和火药特性的公差范围。然而，如果大幅减小公差，使其超出合理范围，则会提高产品、条件及工艺的成本并延长产品试制时间。

（3）降低炮口速度对系统发射参数变化的敏感度。这种方案是在可能的弹道优化方案下，希望弥补大多数基本参数减小导致的炮口速度偏差减小。下面更详细地讨论这个问题。

使用相对坐标作为表征弹道方案的集总参数：

$$\xi_k = l_k/l_0 \tag{8.7}$$

式中，l_k——装药燃烧结束对应的弹丸行程；

l_0——身管中弹丸全部行程。

最合理的做法是通过改变火药颗粒燃烧弧厚 $2e$，在参数 ξ_k 的变化范围内进行各种弹道试验。

为了比较结果，得到的每个弹道方案都必须满足炮口速度不变的条件。这是通过改变燃烧弧厚和装药量 ω 来实现的。在这种情况下，最大压力会有所变化，但在任何一种方案中都不应该超过其极限值。

针对设计 100 mm 身管系统其杀伤爆破弹射程至少为 5 000 m，求解弹道方案。为了达到这样的射程，炮口速度应该为 90 m/s。

针对不同初始燃烧弧厚 $2e$ 的基本弹道方案，计算结果见表 8.2。

表 8.2 不同弹道方案的计算结果

参数	温度/℃	$2e = 0.4$ mm	$2e = 0.6$ mm	$2e = 0.9$ mm
ω/kg	—	0.245	0.300	0.408
p_{max}/MPa	+50	181	104.8	87.4
	+20	162.8	90.7	75.7
	−50	129.2	71.7	59.8
v_0/(m·s^{-1})	+50	252.963	266.141	279.617
	+20	251.632	260.771	264.875
	−50	247.934	249.971	236.492
ξ_k	+50	0.048	0.245	1.2
	+20	0.06	0.336	1.3
	−50	0.09	0.74	1.6
Δ_{vi}	—	5.0	16.2	43.1
$\dfrac{p_{max}^{+50}}{p_{max}^{-50}}$	—	1.4	1.46	1.46

结果显示，当参数 ξ_k 从 0.74 减小到 0.06 时，炮口速度偏差减小为原来的约 2/3（从 0.23 减小到 0.163）。

当初始点火面的散布从 10% 增加到 33% 时，炮口速度偏差从 9% 增加到 100%。在装药瞬态燃烧条件下（$\xi_k = 0.06$），受到的影响最小（9%）。

装药燃烧结束坐标移近身管膛底（$\xi_k = 0.06$）也会影响温度梯度的降低。根据表 8.2，将参数 ξ_k 从 0.74 变为 0.06，温度梯度就会减小为原来的 1/5。

8.2.3 火炮发射试验

在设计和制造过程中，火炮发射要通过检测以下参数确定试验类型，从而开展相应的试验。

（1）通过多组发射，测试初速和压力的性能稳定性。

（2）通过向靶板射击来测试射击密集度、引信作用距离和炮口角。

（3）测试射击准确度。

（4）测试爆破性能。

（5）在预制场地射击，测试弹带性能和装药耐久性。

（6）测试穿甲威力。

（7）测试从 1.5 m 高度跌落到混凝土板上的安全性。

（8）测试带包装箱的空降可靠性。

（9）测试所有运输类型在运输过程中的抗过载性能。

（10）测试通过加速试验等方法测试稳定性和其他性能。

这里以测试靶板射击密集度为例来考察试验程序。

采用模拟火炮战斗射击的方法进行试验，装药为全装药，弹药采用无战斗部与其他战斗元件的简化结构，尺寸、质量、重心位置和形状系数均与弹药的基本用途相符。

火炮射击必须按每种类型的弹药都装有同一批发射装药来分组选择。每组弹药中的弹丸质量与该组中其他弹丸质量不应相差一个以上的弹重符号。试验期间的装药温度应为 10~25 ℃。

试验前，火炮应在规定的温度下射击定装式装药和分装式装药，储存至少 48 h，并置于炮位的恒温箱中。在火炮射击剩余弹药组中，装药温度的差异不得超过 2 ℃。

在炮位的火炮朝向特定具体试验使用的靶板方向，确定射击方位角并以规定的形式记录在试验报告中。

火炮在炮位布置，耳轴与火炮地平线的倾角不超过 30°，检查身管摆动量、瞄准机构的空回量和瞄准零线。

火炮到靶板的距离必须符合战术技术任务书中规定的直射距离。在没有这些要求的情况下，火炮到靶板的距离原则上按照所射弹药类型初速的误差值不超过从炮口断面到靶板所测距离的千分之一来设置（表 8.3）。

表 8.3 火炮到靶板的距离

弹丸初速/(m·s^{-1})	火炮到靶板的距离/m
≤1 000	1 000
1 000~1 600（含 1 600）	2 000
>1600	2500

对于口径不超过 76.2 mm（含）的舰炮，火炮到靶板的距离为 500 m。

靶板最小垂直（$H_{\min}$）和水平（$L_{\min}$）尺寸（单位为 m）按照以下公式计算：

$$H_{\min} = 10 B_{0B} + 2 D_B \tag{8.8}$$

$$L_{\min} = 10 B_{06} + 2 D_6 \tag{8.9}$$

式中，B_{0B}，B_{06}——在战术技术任务中规定的在垂直和水平方向的中间偏差（m），如果在战术技术任务书中没有规定这些数值，则取 $B_{0B} = 0.5$ m；

D_B 和 D_6——弹孔在垂直和水平方向上分别与瞄准点的允许偏差（m），根据表 8.4 确定。

表 8.4 弹孔偏差允许值　　　　　　　　　　　　　　m

弹孔的允许偏差	火炮到靶板的距离				
	500	1 000	2 000	2 500	3 000
垂直方向（Δ_B）	0.2	0.5	1.0	1.3	1.6
水平方向（Δ_6）	0.5	1.0	1.5	2.0	2.5

为了确保火炮瞄准靶板中心，在图纸上用黑色油漆标出瞄准点（图 8.3）。

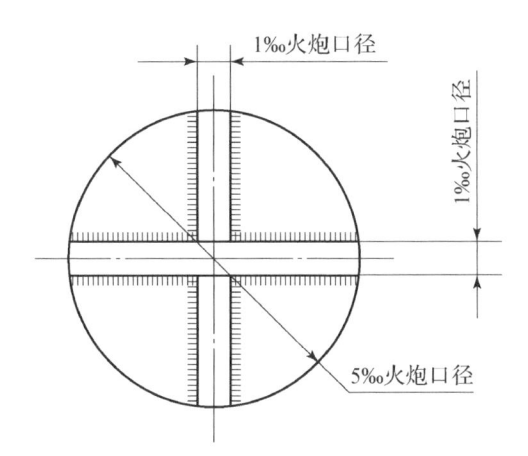

图 8.3　火炮射击时靶板上瞄准点的尺寸

火炮和靶板之间的空间地带覆盖物（起伏不平、植被等）直到在靶板宽度上沿靶板下边缘到射击线的高度所处位置必须保持平整。靶板应垂直竖立，射击平面垂直允许偏差不超过 3°。在垂直和水平面允许靶板弯曲，其在垂直和水平面的相应弯曲度不超过靶板尺寸的 1%。瞄准点的高低角应在±1°范围以内。

进行靶板射击试验的条件如下。

（1）根据瞄准点的能见度条件，在白天时间内进行试验。

（2）大气环境温度为 −40 ~ +50 ℃。

（3）地面风速的侧分量不超过 7 m/s，阵风不超过其值的 50%。

（4）大气降水强度不超过 0.25 mm/h。

发射每组炮弹统一选择消除空回量进行火炮瞄准。第一组炮弹发射完毕后，发射下一组时，水平瞄准方向需要改变。例如，如果在第一组射击中，炮口从下往上，从左往右瞄准，那么在第二组中，炮口应从下往上，从右往左瞄准。

火炮发射试验是用每种类型的弹药进行 3 组射击（按序进行；以下简称射击组；每天用每种类型的弹药进行一组射击）。

在一根火炮身管上每组的射弹数，如果在战术技术任务书中没有规定，则 85 mm 以下（含 85 mm）10 发，85 mm 以上 7 发。

在每组射击之前都要进行一次校靶射击以校正瞄准，直到得到表 8.4 中规定的相应弹孔坐标。

如果校靶射击的弹孔坐标小于表 8.4 中的规定，则允许包含并计入该组射击发数。

每组射击持续时间不得超过 30 min。同一类型弹药的再次射击必须在 6 h 后进行。

在从靶板上瞄准点中心到弹孔坐标的测试中，其垂直和水平方向的测试误差为 ±0.02 m。如果要对一个批次的三组弹药进行射击密集度试验，则试验应在 3 天内完成。经与订货方代表商定，允许在 24 h 内进行试验，但每组试验之间至少间隔 5 h。

在对野战炮和舰炮配用弹药进行射击密集度试验时，口径为 130 mm 及以上时必须测试弹丸初速，包括在设计文件中规定的其他口径弹药也需要测试。测试速度的仪器设备的误差不超过 0.1%。对于弹丸飞行可使用自动弹道站或连接固定框架的计时器进行测试。

■ 8.3 火炮与弹药武器的试验测试

火炮系统中大量物理、生理、逻辑以及其他方面的参数需要根据试验规划和具体样机研究采用必要的管理手段，组织测试系统和设备。最复杂的问题是发射过程高瞬态的弹道与动力学测试，其准备和测试通常包括以下步骤。

（1）明确测试的目的和内容。在这个阶段，重要的是基于试验规划（试验大纲方案）确定有哪些具体物理值和试验测试的目的，以及物理过程特点、所需确定的测试值基本范围。

（2）选择和准备传感器。最基本的是正确选择将物理值转换为电荷值的传感器，其核心在于对应所测值的频率特性和敏感性。除此之外，在选择传感器时有必要考虑传感器的工作条件（存在振动、温度影响等）。

（3）选择和准备放大器和采集设备。应确保所采集的物理值通过传感器被转换为电信号时无失真，并可用最方便的比例处理。

（4）进行试验中物理过程的测试。针对原始采集值进行分析，以验证所选择和准备的传感器、放大器及采集设备的正确性。如有必要，更换传感器，调试放大器和采集设备，进行测试，直到获得所需的采集量。

（5）处理测试结果。测试结果处理程序的功能应与测试及试验目的对应。

在试验火炮系统时，为了得到大量不同的物理过程测试参数，需要相应地使用大量各式各样的测试设备，同时需要根据试验大纲和具体样机的研究来组织测试系统和设备。

在通常情况下,在组织测试系统时,应预先进行如下操作。

(1) 在进行射击或发射试验时,测试集成。

(2) 在进行行驶试验时,测试集成。

(3) 在独立机构、装置等的专项研究中,进行独立方式测试。

合理的试验量由可行的技术—经济方案、最短的试验周期、试验可行性、产品寿命、经试验或计算评估满足给定要求所需的精度和可信性等来确定。

其中,射击或发射试验的测试系统最为复杂。

用于研究射击时火炮系统材料部分的测试方法和模拟试验台架试验的测试方法均属于动力学测试系统。

8.3.1 对弹道测试组成和精度的总体要求

对弹道测试获得的大量试验数据进行统计处理,有助于更充分地研究在发射和弹道飞行中产生的物理现象的本质及其相互关系,从而明确一系列内外弹道理论规律。

在身管炮和火箭炮的弹道试验中,所有已有测试组合可分为两组。

(1) 测试确定射击条件下的物理参数,即火炮系统本身的实际状态,及其相对于地面的位置和大气状态。

(2) 测试确定弹丸在身管内和飞行中的运动动力学诸元,尤其是弹道边界段的诸元(炮口点;若有助推,则关注发动机工作的起始点和结束点;接近目标时的特征点)。

第一组测试旨在确定射击条件下与弹道标准(射表)条件下的偏差值。以下测试类型可以归属于此组。

(1) 火炮系统"炮—装药—弹丸"参数的静态测试。

(2) 弹丸喷气式发动机参数台架测试。

(3) 拓扑大地测试（Topo – geodesic）。

(4) 气象测试。

第二组测试致力于在规定发射条件下采集弹丸运动轨迹。以下测试类型可以归属于此组。

(1) 身管内弹丸运动测试。

(2) 弹道轨迹初始段测试。

(3) 弹道轨迹测试。

(4) 靠近目标的测试。

在组织测试时，必须知道并考虑到测试对象的自身特性和应加以确定的多个参数的特性。

这些参数可能是恒量（质量、尺寸等），也可能是随机量（火药气体压力、弹丸速度等）。

在第一种情况下，测试结果的差异仅存在于测试误差；在第二种情况下，测试结果的差异包含测试误差和变量自身随机误差两方面。

如果测试对象同时具有几个参数，那么重要的是知道这些参数彼此是否具有依赖关系。

必须考虑测试时的稳定性条件，即外部条件的不变性和测试对象质量的完整性。在不稳定条件下要么发生来自测试序号的函数规律变化，要么发生随机情况的变化。在这两种情况下，测试结果取决于测试的序列号。

根据测得的测试参数的性质，采用不同的方法进行测试结果处理。测试可以是直接的，也可以是间接的。直接测试的结果（即测试值）是直接确定的（例如用计时器测量时间）。间接测试的结果（即测试值）需要借助已知函数关系进行计算（例如在测试过程中所测得的随弹丸行程和运动时间变化的弹丸速度）。

8.3.2 测试精度

根据产生原因,测试误差通常分为系统性误差和随机误差。

系统性误差在进行所有同一类型测试时保持(或依规律改变)自身的值不变。它是仪表刻度误差、"零点漂移"、测试条件不稳定、测试操作员自身等原因引起的。

识别和排除系统性误差对于提高测试精确度至关重要,需要进行详尽考虑,因为系统性误差并不会随着测试数量的增加而消失。

随机误差在测试中自身随机地改变。它是许多独立的、未被考虑的原因的不同组合导致的,对测试结果的单一影响很小。无法确定随机误差对每个独立测试的影响,但在一系列相同的测试中可能确定其共同的分布特性。

随机误差对测试精度的影响随着对测试结果取平均值所采用的测试数量的增加而变小。

严重错误(谬误)也是随机的。它严重扭曲测试结果,通常是由测试仪器故障或测试操作员的错误行为引起的。

在确认出现严重错误的情况下,包括严重错误的测试结果应当被舍弃。如果严重错误仅疑似为从一系列测试中突然"脱节"的测试结果,那么应当谨慎舍弃,可采用特别的定量准则加以处理。

测试可以是单发测试,可以是成组测试。单发测试在弹道实践中相对而言比较少见。成组测试是更为常见的。在情况不稳定时,可以重复进行测试。

被测试 X 值的合理评估是根据所有测试结果取其算术平均值得到的:

$$X \approx \bar{x}, \bar{x} = \frac{1}{n}\sum x_i \qquad (8.10)$$

测试精度评估是根据独立结果的散布情况来衡量的。一般利用经验性的均方差 σ 或者单发测试的中方差 E 评估测试精度：

$$\sigma = \sqrt{\frac{\sum_{i=1}^{n}(x_i - \bar{x})^2}{n}} \qquad (8.11)$$

$$E = \rho\sigma \qquad (8.12)$$

所获得的算术平均值 $\bar{x}$ 的精度可以用置信区间 ε 来描述：

$$\varepsilon = t_\alpha \frac{\sigma}{\sqrt{n}} \qquad (8.13)$$

在这种情况下，概率 α 可以确定，真值 X 在以下区间中：

$$\bar{x} - \varepsilon < X < \bar{x} + \varepsilon \qquad (8.14)$$

概率 α 是任意给定的，从任务出发，由测试确定。通常使用 $\alpha = 0.84 \sim 0.95$。根据概率 α 和测试次数 n 得出 t_α，见表 8.5。

表 8.5 t_α 值正常误差分布

α	测试次数 n							
	2	3	4	5	7	10	20	30
0.80	3 078	1 886	1 638	1 533	1 440	1 383	1 328	1 311
0.90	6 314	2 920	2 353	2 132	1 943	1 833	1 729	1 699
0.95	12 076	4 303	3 182	2 776	2 447	2 262	2 093	2 045

测试结果可以表示为以下形式：

$$X = \bar{x} \pm \varepsilon \qquad (8.15)$$

为了保证随机参数测试的正确性，通常以成组测试的方式重复进行多次。作为对测试结果的合适评估，对所有测试采用平均抽样值：

$$X \approx x_0, x_0 = \sum_{j=1}^{N} g_j \bar{x}_j \qquad (8.16)$$

式中，g_j——第 j 个测试组的"权重"；

x_j——来自 N 次测试中测试组的算术平均值;

N——成组测试次数。

在平均权重测试条件下 $g_j = 1/N =$ 常数。

置信评估区间 ε 可以通过使用式（8.16）确定。在这种情况下,作为数值散布（分散）评估,使用所有测试均方差的平均值进行计算:

$$\sigma \approx \sigma_0, \sigma_0 = \sum_{j=1}^{N} g_i \sigma_j \quad (8.17)$$

表 8.5 是将参数 n 替换为 N 得到的。

在随机参数的测试中,散布评估不仅包含参数自身数值的散布,还包含测试误差、测试条件的不稳定性和抽样质量。

在更为复杂的情况下,当确定的参数是多个常数或随机直接测试值的函数,以及测试对象具有多参数特征,且函数关系与直接测试值相关时,评估测试精度就变得更加复杂。可以在专业文献中找到各种各样的方法。

8.3.3 射击条件下参数测试的要求

为了更全面地考虑发射条件,以理论研究和经验为基础,编制考虑了表 8.6 中参数测试组成和精度要求的射击表格。

表 8.6 测试精度（中间误差）

参数名称	弹丸种类			
	穿甲弹	杀爆弹	动力火箭弹	非制导火箭弹
身管				
身管直径/mm	0.05	0.05	0.05	0.10
药室长度/mm	0.25	0.25	0.25	——
身管弯曲度/mm	0.03	0.03	0.03	0.05
壁厚差/mm	0.10	0.10	0.10	——

续表

参数名称	弹丸种类			
	穿甲弹	杀爆弹	动力火箭弹	非制导火箭弹
装药				
质量/kg	0.1% 质量小于 30 kg 时 0.25% 质量大于 30 kg 时			
温度/℃	0.7	0.7	0.7	0.7
弹丸				
长度/mm	1	1	1	2
质量/kg	0.1% 质量小于 30 kg 时 0.25% 质量大于 30 kg 时			
质量中心位置/mm	0.5	0.5	0.5	0.5
惯性矩/%	5	5	5	5
质量不平衡度/‰	1	1	1	1

弹药散布特性是通过处理专项发射试验数据结果获得的概率偏差值来确定的。

该专项发射试验在下列基本条件下进行。

（1）火炮必须为第一类型。

（2）高低角按象限仪调节。

（3）弹药具有正常质量。

（4）装药温度相同，接近大气温度。

（5）在良好稳定的天气条件下进行发射。

（6）身管在发射时不会强烈发热。

部队的发射条件与上述给定条件存在较大差异，提高了出现偏差的概率。在部队射击时，高强度射击中身管变热是弹药散布的主要原因之一。特别试验射击结果表明，热身管发射增加了弹药初速、弹道系数及偏流的散布中间误差,从而导致弹药在射程和方向上散布扩大。

射击结果表明,由于部队的发射条件不同,其弹药散布特性为试验条件下的 1.2~1.5 倍。

8.3.4 以靶板射击密集度试验为例——测试结果的处理、形成及评估

8.3.4.1 弹药散布特性的确定

对每一组靶板射击密集度试验结果进行计算(图 8.4)。

图 8.4 有射弹痕迹的靶板

平均弹着点的垂直和水平方向坐标为 (Y, Z),单位为 m,计算公式如下:

$$\bar{Y} = \frac{\sum_{i=1}^{n} Y_i}{n} \tag{8.18}$$

$$\bar{Z} = \frac{\sum_{i=1}^{n} Z_i}{n} \tag{8.19}$$

式中,n——每组的发数;

Y_i, Z_i——弹着点的垂直和水平坐标与瞄准点的关系(m)。

弹着点相对于平均弹着点坐标的偏差 $(\Delta Y_i, \Delta Z_i)$,单位为 m,计算

公式如下：

$$\Delta Y_i = Y_i - \bar{Y} \quad (8.20)$$

$$\Delta Z_i = Z_i - \bar{Z} \quad (8.21)$$

当平均弹着点与弹孔坐标存在明显差异时，要进行异常分析。

弹着点在垂直和水平方向上的公算偏差（B_B，B_6），单位为 m，其数值需要通过四舍五入取整到 0.01 m，计算公式如下：

$$B_B = 0.674\ 5 \sqrt{\frac{\sum_{i=1}^{n'} (\Delta Y_i)^2}{n' - 1}} \quad (8.22)$$

$$B_6 = 0.674\ 5 \sqrt{\frac{\sum_{i=1}^{n'} (\Delta Z_i)^2}{n' - 1}} \quad (8.23)$$

式中，n'——成组中的有效射击发数。

根据上式计算出用具体类型的弹丸（B_B，B_6）进行射击时所有组别的公算偏差，以 m 为单位：

$$\overline{B_B} = \sqrt{\frac{\sum_{i=1}^{N} B_{Bj}^2 (n'_i - 1)}{\sum_{i=1}^{N} n'_i - 1}} \quad (8.24)$$

$$\overline{B_6} = \sqrt{\frac{\sum_{i=1}^{N} B_{6j}^2 (n'_i - 1)}{\sum_{i=1}^{N} n'_i - 1}} \quad (8.25)$$

式中，N——射击组的数量；

B_{Bj}，B_{6j}——第 j 组在垂直和水平方向上的公算偏差；

n'_j——第 j 组中的射击有效发数。

8.3.4.2 异常弹孔偏差坐标分析

平均弹着点中存在的一个异常偏差的坐标可以不列入计算范围。如果一组中有两个或两个以上异常的偏差坐标，那么该组射击需重新进行。

为了分析弹孔偏差坐标是否异常，采用 $t_{p.в}$ 和 $t_{p.6}$ 标准，可根据以下公式计算：

$$t_{p.в} = 0.6745 \frac{Y_a - \bar{Y}_{n-1}}{B_{в(n-1)}} \tag{8.26}$$

$$t_{p.6} = 0.6745 \frac{Z_a - \bar{Z}_{n-1}}{B_{6(n-1)}} \tag{8.27}$$

式中，Y_a，Z_a——所分析的异常弹孔与平均弹着点的偏差坐标（m）；

$\bar{Y}_{n-1}$，$\bar{Z}_{n-1}$——根据式（8.18）、式（8.19）计算的平均弹着点坐标，不包括被分析的异常弹孔的偏差坐标（m）；

$B_{в(n-1)}$，$B_{6(n-1)}$——在没有异常弹孔偏差坐标的射击组中，弹孔的公算偏差（m）。

弹孔坐标偏离平均弹着点则被认为异常。

如果

$$|t_{p.в}| \geq t_{\alpha n} \tag{8.28}$$

或者

$$|t_{p.6}| \geq t_{\alpha n} \tag{8.29}$$

则根据标准技术文件，$t_{\alpha n}$ 准则值由组内有效发数和显著性水平 α 来决定。

8.3.4.3 靶板射击密集度是否符合战术技术任务要求的评估

依据使用特定类型弹丸进行所有成组射击得到的结果，进行靶板射击密集度是否符合战术技术任务要求的评估。

计算靶板射击试验密集度试验数据是否符合战术技术任务要求：

$$\frac{B^2}{B_0^2} \leq \frac{Z_a^2}{m} \tag{8.30}$$

式中，B（$\overline{B_B}$，$\overline{B_6}$）——公算偏差的试验值（m）；

B_0（$\overline{B_{0B}}$，$\overline{B_{06}}$）——在战术技术任务书中规定的公算偏差值（m）；

Z_a^2——准则数；

m——自由度数。

准则数 Z_a^2 由自由度数 m 和显著性水平 α 确定。

准则显著性水平 α 由自由度数决定。

（1）当 $m \leqslant 15$ 时，$\alpha = 0.20$。

（2）当 $15 < m \leqslant 25$ 时，$\alpha = 0.10$。

（3）当 $m > 25$ 时，$\alpha = 0.05$。

通过比较试验得出的公算偏差和规定的公算偏差来评估靶板射击密集度是否符合战术技术任务要求。战术技术任务书在考虑客户和制造商可接受的风险的情况下，规定了各种试验对象和试验量的规模及其公差值。

第九章
台架综合试验和行驶试验

若不对全车及其行驶系统进行台架综合试验和行驶试验,则针对车辆及其结构进行全面质量评估无法获得最客观的数据。

■ 9.1 在多功能试验台架上的综合试验

在实验室专用多功能试验台架上,对整车及其部件进行综合试验,在这种情况下,有可能消除那些无须研究的因素的影响(例如气候和道路条件的影响、操作状态的不规则性的影响等),并借助复杂和精确的测试设备来研究一些感兴趣的高精度等级现象。台架试验的缺点是无法在实验室中再现车辆或结构工作的所有使用条件。因此,在试验台架上,只能获得相对的结果,并允许按照与类似条件下进行过试验的其他车辆比较,进行车辆质量评估。

作为多功能试验台架的示例,这里介绍一个带有跑步机的履带式车辆多功能试验台架(图9.1)。该车辆的履带安放在跑步机3上,并借助动力仪1的牵引保持纵向移动。跑步机环绕星形轮5、导向轮2和支撑滚轮4。星形轮轴通过匹配的减速器6与飞轮7和制动器8连接。两个飞轮叠加仅模拟了车辆的质量。无须模拟行驶部分和传动装置零部件的旋转，因为这些零部件在试验台架上旋转，就像车辆在移动。动力源是车辆自身的发动机。

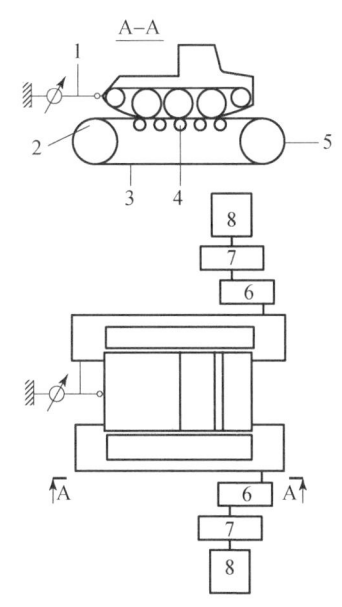

图 9.1　履带式车辆多功能试验台架

1—动力仪；2—导向轮；3—跑步机；4—支撑滚轮；5—星形轮；

6—减速齿轮；7—飞轮；8—制动器

在多功能试验台架上进行的试验几乎与行驶试验没有区别，只不过道路阻力的变化必须由制动程序来设定。为了研究行驶平稳性，可以在跑步机上设定粗糙度。与行驶试验相比，在多功能试验台架上进行试验的优点是可以采集和处理大量的信息。

为了试验履带式车辆行驶部分的部件，工作元件要在试验台架上进行摆动或往复运动。

阻尼器试验台架如图 9.2 所示。为了测试阻尼器工作元件的特性，需要在试验台架上测试阻尼器工作元件的运动速度、拉杆或活塞杆上的作用力、液体压力、温度等参数。

(a)

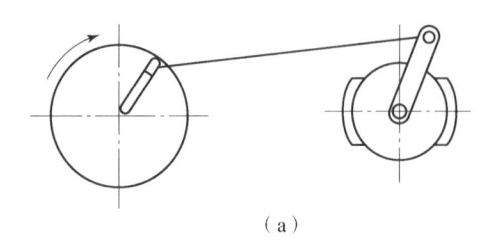

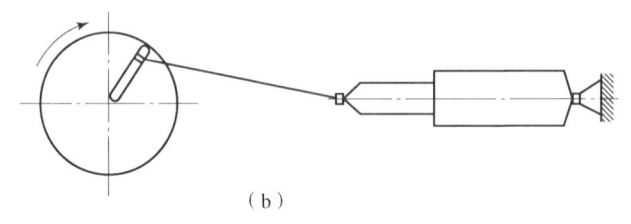

(b)

图 9.2 阻尼器试验台架

(a) 杠杆叶片式阻尼器；(b) 伸缩式阻尼器

摇摆台架用于扭力杆的疲劳试验（图 9.3）。在这种情况下，任意试验两个扭力杆 1，借助涡轮机构 2 相互预扭，这样能提高摇摆台架的工作平稳性，也减少了单个部件试验时不可避免的随机性因素。

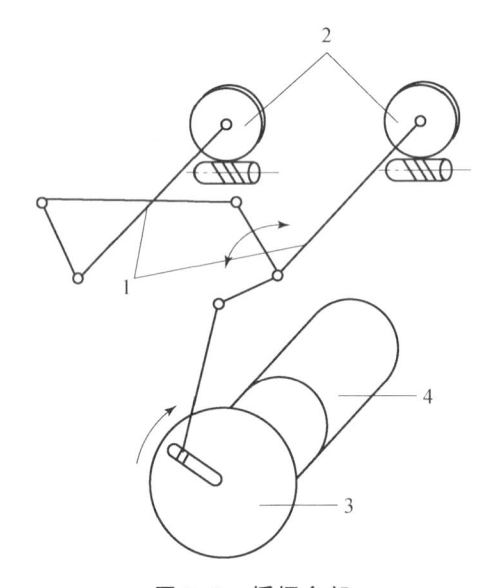

图 9.3 摇摆台架

1—扭力杆；2—涡轮机构；3—曲柄；4—发动机

这些试验台架（图9.2和图9.3）不能完全模拟被研究对象在实际条件下的工作情况。在实际条件下，行驶部分部件的位移、速度和加速度是道路断面、车辆速度等的函数，即纯随机函数。因此，在试验台架上获得的结果仅具有相对性。

滚轮的耐久性试验台架也具有同样的缺点（图9.4）。在发动机5的驱动下，用扭力杆3使负重轮1贴紧转动着的滚筒2。扭力杆右端被涡杆机构4拧住。滚筒2外表面固定履带。在滚筒和履带之间放置一个不平整的断面。该试验台架也可以用于行驶部分其他与负重轮相关构件（阻尼器、扭力杆等）的试验。

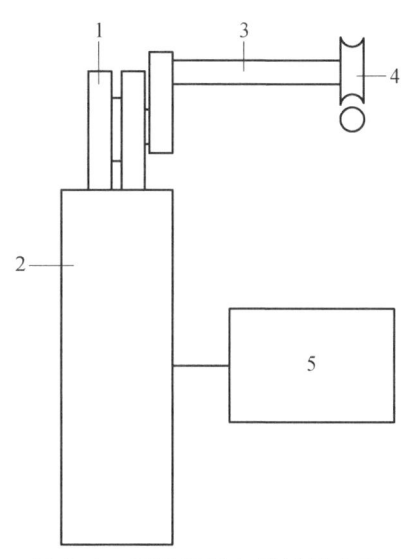

图9.4 滚轮的耐久性试验台架

1—负重轮；2—滚筒；3—扭力杆；4—涡杆机构；5—发动机

通用悬挂装置试验台架能够在接近使用负载的条件下，针对各种类型的悬挂装置和车轮进行试验（图9.5）。

该试验台架除了动力部分外，还包括一个带有换热器和伺服水阀的水泵站，以及用于工作状态电气控制部分与记录参数的采集系统的操作台。

图 9.5 通用悬挂装置试验台架动力部分示意和总视图

1—支架底座；2—水力搅拌器；3—导向架；4—移动框架；

5—砝码；6—绞盘；7—试验组件

在该试验台架上，能够对液压式与充气式缓冲器、弹簧、叶片弹簧及缓冲支架、气动和气液式弹簧、负重轮和轮胎、消音装置、带缓冲质量的单一悬架部件等，在与车轮实际载荷一致的条件下进行试验。

相关试验程序能够借助于专业软件系统控制的伺服液压设备，在动力加载与力加载的情况下，确保能够设定缓冲部件在不同使用工况下的工作状态。

该试验台架的动力工作状态应满足以下条件。

(1) 通过对具有特定频谱的振动试验对象进行力加载，确定其在闭环控制中的工作性能。

(2) 在移动载荷的自由垂直运动中，通过对具有特定频谱的振动试验对象进行动力加载，模拟运输装备相对于试验台架构的缓冲质量，以在开环控制中确定受迫振动频谱特性，包括实施和模拟障碍物道路试验、再现不同级别的道路断面（谐波、三角、矩形、随机等形状）。

(3) 通过拉起、放下或用液压脉动器方法设置单次动力脉冲来确定缓冲质量的自由衰减振动。

(4) 通过模拟在水平力基准上的自由落体，确定接触力的相互作用，以确定试验对象的受力特性。

借助检测仪器和传感器能够保证采集运输设备悬挂装置在有缓冲质量和无缓冲质量条件下的绝对和相对垂直位移（应变）、速度及加速度，作用于液压脉动器的垂直力、摩擦力，工作腔内和试验对象表面的压力和温度等。

由固定装置和孔组成的多功能系统装置使试验台架的结构通用化和模块化，因为试验台架的机械部分可以很快适应不同外形和几何形状的试验对象及其单个部件。

图 9.6 所示为国外某空降兵战车的高压气动液压式弹簧。

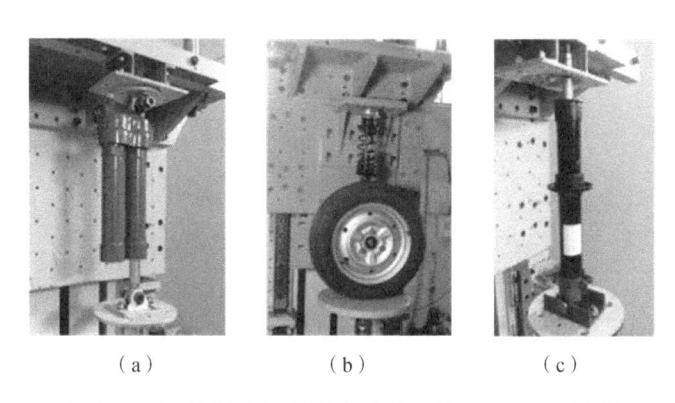

（a） （b） （c）

图 9.6 国外某空降兵战车的高压气动液压式弹簧

（a）带轮子的弹簧悬挂组件；（b）充气式缓冲器；
（c）在通用悬挂装置试验台架上的安装实例

图 9.7 给出了在封闭动力循环中，针对不同缓冲部件进行台架试验时所采集的工作曲线示例。使用多步进制编程函数记录不同振幅和频率下的工作曲线。

产生该工作曲线的软件就像试验系统的机械部分，具有一系列特点。使用该软件的新型试验台架不同于以前已知的类似试验台架。其第一个特点是能够通过力和位移通道控制液压脉动器的工作；第二个特点是可以自动和手动微调高速伺服阀工作 PID 参数；第三个特点是可以显示试验状态的加载历史和多步进制程序，包括生成标准的负载形状以及操作员输入的载荷曲线。

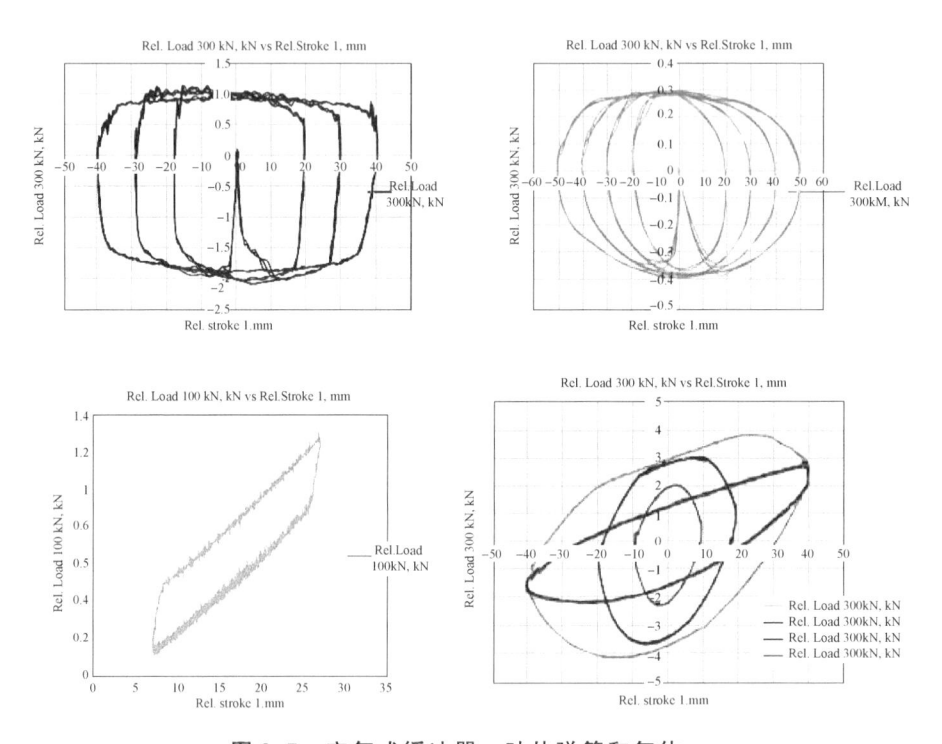

图 9.7 充气式缓冲器、叶片弹簧和气体 – 液压弹簧试验记录的工作曲线示例

(a), (b) 充气式缓冲器；(c) 叶片弹簧；(d) 气体 – 液压弹簧

目前，该试验台架正在进行升级，即在架体底部安装一个履带式移动器，其上部分支依靠液压脉动器的液压连接完成往复运动。升级后，该试验台架可模拟缓冲质量的振动，以及车辆以 100 km/h 内的时速在高低不平的道路上行驶等工况，还能够试验单一负重轮组件的实际悬挂系统。

9.2 行驶试验、道路条件特征

行驶试验是在具体战技指标要求下进行的。在行驶试验期间，测试和记录车辆基本工作性能指标，但会受到车辆在运动时使用的检测仪器的性能限制。行驶试验面临的困难是在车辆内布置仪器的复杂性，以及特殊的工作条件（颠簸、振动、温度波动、车辆工作状态不稳定等）。

自行火炮使用的道路条件并不全部相同——从硬质汽车路面到松软土路和野外复杂路况，还包括坦克线路。这些路况的特点取决于其几何尺寸、形状和交替不平整特性。

根据不平整长度，所有道路大致分为以下四组。

(1) 脉冲型：不平整长度为 0.3 m。

(2) 凹坑型：不平整长度为 0.3~6 m。

(3) 坑洼型：不平整长度为 6~25 m。

(4) 斜坡型：不平整长度大于 25 m。

根据高度（深度）和不平整长度，所有道路大致分为以下三组。

(1) 粗糙型：在长度不超过 0.3 m 的条件下，高度不超过 1 cm。

(2) 凹陷和凸起型：凹坑深达 30 cm 和斜坡坑洼深达 3 cm。

(3) 障碍物型：凹坑深度超过 30 cm 和斜坡坑洼深度超过 3 cm，包括壕沟、沟渠等。

不平整断面的轮廓或形状可以是简单的几何形状（正弦波、梯形、三角形等），也可以是更复杂的形状。沿路段长度的交替不平整特性具有以下特点。

(1) 周期性地交替出现相同大小和形状的不平整物。

(2) 具有孤立不平整性，不平整物相互间相隔相对较远。

(3) 具有随机的微型断面不平整性。

由于道路概况相当多样,为了实际工作的方便,按照平均速度将其分为以下四组。

(1) 轻度磨损道路,车辆行驶的平均速度 $V_c > 0.7 V_{max}$,其中 V_{max} 表示车辆技术特性范围内的最高速度。

(2) 严重磨损道路,其中 $V_c = (0.4 \sim 0.7) V_{max}$。

(3) 破碎的道路,其中 $V_c = (0.2 \sim 0.4) V_{max}$。

(4) 崎岖的地形,其中 $V_c < 0.2 V_{max}$。

在这种道路类型分类方式中,按照道路表面交替出现不平整物的数量、大小及性质决定道路表面平整性级别。

针对上述根据道路表面平整性级别进行道路类型分类的方式,基于道路微观表面测量结果,得到不同道路微观表面的数量特征,见表9.1。

表9.1 不同道路微观表面的数量特征

参数	道路微观面			
	轻度磨损道路(M)	严重磨损道路(C)	破碎的道路(P)	崎岖的地形(Π)
凹坑				
每千米数量/个	200	200~500	300~500	200~300
最大可能长度/m	0.5~1.5	1.0~2.5	1.5~3.0	1.5~5.0
深度/cm				
最大深度	10	10~20	20~30	30
最大可能深度	3~5	5~10	10~15	15
均方根深度	1.5	1.5~3.0	3.0~8.0	8.0
坑洼				
每千米数量/个	5	5~10	10~20	20
最大可能长度/m	6~9	6~10	6~12	8~16

续表

参数	道路微观面			
	轻度磨损道路（M）	严重磨损道路（C）	破碎的道路（P）	崎岖的地形（Π）
深度/cm				
最大可能深度	3~5	10~20	30~50	70~120
最大深度	10	30	100	200

一般意义上，货车所行驶的典型轻度磨损道路，其凹坑的均方根深度不超过 1.5 cm，最大深度为 10 cm；货车所行驶的典型严重磨损道路，其凹坑的均方根深度不超过 3 cm，最大深度为 20 cm。

对自行火炮来说，典型路况就是坦克行进路线。

国内能够开展相关行驶试验的场地一般具有保密性，因此本书参考俄罗斯相关资料，分析说明行驶试验的具体要求和内容。表 9.2 所示为俄罗斯不同气候—土壤地区的靶场坦克行进路线统计特征。

表 9.2 靶场坦克行进路线统计特征

地区编号	地区	长度/m	不平整平均高度 $\bar{h}$/mm	不平整平均长度 $\bar{L}$/m
1	西北部地区	250	135	7.50
2	西北部地区	400	207	7.93
3	西北部地区	590	270	8.20
4	西北部地区	1 320	170	7.73
5	西部地区	3 000	118	9.06
6	西南部地区	500	145	7.15
7	中部地区	1 010	160	7.59
8	中部地区	430	138	7.10
9	乌拉尔地区	300	60	7.70

续表

地区编号	地区	长度/m	不平整平均高度 $\bar{h}$ /mm	不平整平均长度 $\bar{L}$ /m
10	乌拉尔地区	300	175	7.53
11	乌拉尔地区	300	190	7.11
	均值	701	138.5	8.13
12	西南部地区	500	206	8.10
13	西南部地区	580	143	8.60
14	西南部地区	680	137	8.90
15	西南部地区	690	80	8.20
16	西南部地区	600	214	8.70
17	西南部地区	700	163	8.90
18	西南部地区	710	100	7.80
	均值	637	143	8.46

对于坦克行进路线来说，不平整平均高度 $\bar{h}$ 在一个非常大的范围内（60~270 mm）变化，而不平整平均长度 $\bar{L}$ 的范围相当受限（7.1~9.06 m）。此外，大多数道路上的不平整高度分布偏离正常规律。

如果将表9.2中所列的坦克行进路线统计特征的所有研究段均按顺序连接起来，则可以表示为分布函数 $F(h) = 0.63 \sim 0.68h$ 在不平整平均高度为 138.5~143 mm 范围内的积分分布形式。

由于气候条件、车辆使用、维护等原因使路面发生变化，同时，道路的阻力系数、表面硬度及阻尼特性也会发生变化，所以在靶场上使用正弦形或三角形形状的不平整人工混凝土道路。

依然参考俄罗斯相关资料，俄德米特洛夫市汽车试验场的试验设施示意如图9.8所示，可以看到该汽车试验场具有不同类型的道路，包括可更换的不平整路段。根据俄罗斯相关标准，该汽车试验场的路段编号对应以下道路面：Ⅰ——水泥混凝土测力道路，不平整度均方根值为 0.6 cm；Ⅱ——没有凹坑铺设圆石道路，不平整度均方根值为 1.1 cm；Ⅲ——带凹坑铺设圆石道路，不平整度均方根值为 2.9 cm。

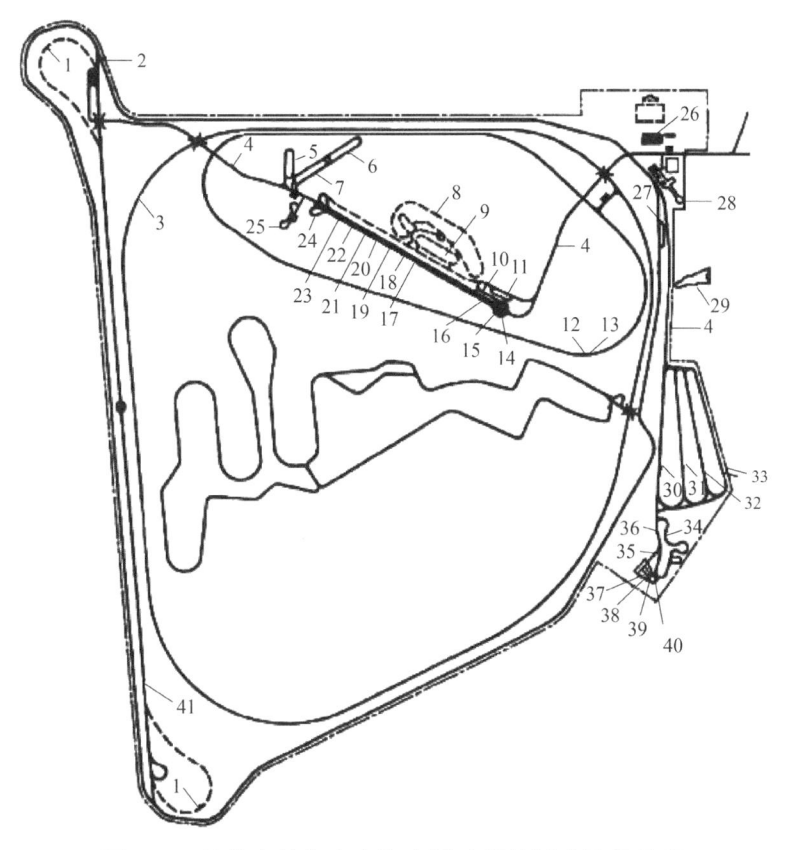

图 9.8　俄德米特洛夫市汽车试验场的试验设施示意

1—不同土壤成分路段；2—土平原试验道路；3—高速道路；4—入口道路；5—尘土室；

6，7—用于试验两轴和三轴车辆的可更替不平整车道；8—主动安全性试验道路；

9—含沙路段；10—浅水区；11—深水区；12，13—平坦和异型铺设圆石路段；

14，15—用于稳定性试验的带水柏油路段；16—空气动力稳定性试验路段；

17~23—固定参数专用系统试验道路；24—料仓综合体；25—重土道路；

26—试验生产场所；27—入口；28—用于被动安全性试验的道路综合体；

29—用于浮力试验的人工水池；30~35—斜度由 4% 上升到 10%；

36—山地型道路；37~40—斜度由 16% 上升到 60%；41—测力道路

当试验车辆行驶平稳性时,在座位上和特殊点上测量加速度;对于轻型汽车,在后排右侧座位;对于公共汽车,在靠近乘客室左侧壁处,即左前轮和左后轮的上方;对于货车,在前轴和后轴左侧大梁的上部或两个后轴的中间上部。

在 0.7~22.4 Hz 的频率范围内评估车辆行驶平稳性,允许对水平和垂直加速度进一步修正:$[\ddot{Z}_c] = 0.56 \text{ m/s}^2$ 和 $[\ddot{X}_c] = [\ddot{Y}_c] = 0.4 \text{ m/s}^2$。在单次作用条件下,允许加速度均方根 $[Z_{cmax}] = 7.1 \text{ m/s}^2$ 或者它的浮动值 $[Z_{max}] = 10 \text{ m/s}^2$。

汽车试验场的里程试验是在可调整或固定条件和外部因素的影响下检验车辆的功能。准备工作包括将被试车辆与工作装备和准备的牵引物体(拖车)连接起来,并施加技术规程所规定的载荷。在试验中,最重要和可提供大量信息的试验部分的主要内容如下:在规定的道路、各种负载(包括牵引力)下的路段上行驶,在规定条件和范围内完成工作,以及进行预先的机械维修。试验条件通过行驶距离、道路类型配置、运动状态、技术应用操作工作量等来规范。

在里程试验过程中,记录并确定以下内容。

(1) 完成的里程和工作量。

(2) 故障、破损、失效、调整失灵。

(3) 排除故障的时间和成本。

(4) 平均行驶速度。

(5) 燃料和其他使用的材料的平均消耗量。

(6) 燃料的行程储备(不加油持续工作时间)。

(7) 燃料和润滑油物理化学性质的变化。

(8) 全套可携带备件、工具及附件(备附件)的充足性、放置情况和便利性。

(9) 技术维修的方便性和工作繁重程度。

(10) 使用手册方案的完整性。

在试验过程中出现故障的零件、部件或成套组件可以更换新的或用必要的维修工具进行修复。只有在底层部件损坏的情况下，才可以更换部件或组件。

根据试验结果评估车辆功能适用性，以及按照无故障性、耐久性（使用寿命）及可维修性等方面的指标评估车辆可靠性。

在坦克试验场上，采用3个0.2 m高的人工不平整正弦波形道路，距离为1.5倍、2.0倍和2.5倍车辆轮距，以及0.05 m高、0.5 m长的不平整三角波形道路，顶部与车辆的间隔与负重轮的间距相同。

当自行火炮以最高速度在不平整正弦波形道路上行驶时，不应出现悬架故障或车体触地的情况，最大加速度不应超过3 g。当自行火炮驶过不平整三角波形道路时，"颠簸"加速度不得超过0.5 g。

图9.9所示为2016年在俄罗斯普斯科夫州红斯特鲁吉坦克试验场的一段带水障碍的路段。

图9.9 2016年在俄罗斯普斯科夫州红斯特鲁坦克试验场的一段带水障碍的路段（"Спрут – СДМ – 1"自行反坦克炮的"浮渡与飞起"）

距离俄罗斯布朗尼茨市不远处有一个卡车和军事装备试验场——第21科学研究试验所试验场。俄罗斯联邦国防部第21科学研究试验所是俄在开发、改进和应用军用汽车技术领域中，制定和实施统一军事和技术政策的主要科技中心。它由成立于1954年10月12日的列宁格勒地区彼得宫市轮式和履带式火炮牵引车和运输车研究所和莫斯科地区布朗尼茨市的科学研究与汽车拖拉机试验场合并而成，其历史可以追溯到在战争紧张时期成立的汽车运输车间。俄罗斯联邦国防部第21科学研究试验所的主要活动包括为几乎所有类型的俄罗斯军用车辆制定战术和技术规范、进行俄罗斯国家试验和认证，以及为其列装和批量生产提供建议。

该试验场是一个由各种人造和天然道路组成的网络，在其上可以对各种类型的设备进行实际试验。带有道路综合体系的试验线路（圆石类、泥土类等）以及专用试验路段（短波动型、跳棋型、正弦波形、楔形山丘及弯道区等）能够在最艰难的使用条件下进行车辆试验。该试验场总面积约为300公顷[①]，其中，道路旁还有水障碍区，这也是各类军用车辆样机进行试验所必需的。

该试验场由两部分组成。第一部分有一个深度为 $0.5\sim2.2$ m 的浅滩。为此，专门淹没一条小溪，以形成一个池塘。第二部分是一条长度为 10 km 的笔直如箭的水泥路。水泥路的一半是普通的混凝土板，另一半为人造不平整道路（约 6 m 宽），带有约 20 cm 高的混凝土方块。第21科学研究试验所试验场的不同路段如图9.10所示。

---

① 1公顷 = 10 000 平方米。

第九章 台架综合试验和行驶试验 133

图 9.10 第 21 科学研究试验所试验场的不同路段

附录
国外自行火炮和牵引火炮

国家	系统	射程/km	射速/(发·min^{-1})	质量/kg
美国	M109A2~A5型	22	4	21 950
	M198型	22	4	7 163
德国	M109A3G型	24.7	4	26 000
法国	GCT型	23.5	7	42 000
	155TR F1型	24	6	10 520
俄罗斯	牵引火炮2A36型 "风信子"	28	5~6	9 800
	牵引火炮2A65型 "姆斯塔"	24.7	7~8	7 000
	2S5型 "风信子-c"	28	5~6	2 800
	2S19型 "姆斯塔"	24.7	7~8	42 000

附图1 20世纪主要口径火炮

国家	系统	射程/km	射速/ (发·min^{-1})	质量/kg
美国	M109A6型 39倍口径 52倍口径	22.4 30	6	28 350
德国	PzH-2000型 52倍口径	30	8	55 000
英国	AS-90型 39倍口径 52倍口径	24.7 30	9	45 000
俄罗斯	2C33型 Mast-CM 49倍口径	30(35,增 程杀炮弹)	11	46 000

俄罗斯2C33型Mcta-CM火炮系统研制工作停留于试验样机试制阶段

附图 2　21 世纪初主要口径火炮

中国　PLZ45型155 mm自行火炮

韩国　K-9型155 mm自行火炮

南非共和国　G6型155 mm轮式自行火炮

斯洛伐克　Zuzana型155 mm轮式自行火炮

附图 3　其他 155 mm 火炮系统

国家	系统	射程/km	射速/(发·min⁻¹)	质量/kg
美国	XM2001型"十字军"52倍口径	35	10	56 000
	停留于试验样机试验阶段			
俄罗斯	2C35型"同盟"52倍口径	30(35,增程杀爆箭弹)	20	50 000
	进行试制设计工作(根据公开发表的数据)			

附图 4　全自动化重型自行火炮

国家	系统	射程/km	射速/(发·min⁻¹)	质量/kg
法国	"恺撒"52倍口径	30	6	18 500
瑞典	FH-77BD型"弓箭手"39倍口径 52倍口径	24 30	6	30 000
以色列	"Atmos-2000" 39倍口径 52倍口径	24 30	5	22 000
俄罗斯	2C21型"Mast-k" 49倍口径	24,7	7...8	32 000
停留于制定工作设计文件阶段				

附图 5　轻型轮式火炮

国家	系统	射程/km	射速/(发·min^{-1})	质量/kg
美国	自行火炮 NLOS-C型 39倍口径	24.7(30, 爆破杀伤火箭弹)	7	18 000
美国	牵引榴弹炮 M777型 39倍口径	24.7(30, 爆破杀伤火箭弹)	6	4 500
德国	自行火炮 "多纳尔" 52倍口径	30	8	27 000
俄罗斯	未进行研制工作			

附图 6　国外 21 世纪 155 mm 轻型火炮